材料成型与加工实验教程

雷 文 编著

东南大学出版社

·南京·

内 容 简 介

本书由引言、塑料的加工成型、橡胶的加工成型、复合材料的加工成型及附录等几部分构成。引言部分介绍了材料成型与加工实验目的及基本要求、实验室安全、事故预防与处理、实验误差及数据处理等内容；塑料的加工成型部分介绍了塑料的配合及挤出造粒、塑料管材挤出成型等7项实验；橡胶的加工成型部分介绍了橡胶的塑炼、橡胶的混炼等4项实验；复合材料的加工成型部分介绍了玻璃纤维增强塑料(玻璃钢)矩形管的手糊成型等4组计8项实验；附录部分介绍了部分热塑性塑料的物理特性、常用单位换算表以及材料加工成型实验中涉及的部分用语的中英文对照，便于查阅使用。

本书可作为高分子材料与工程、材料化学、材料科学与工程等专业本、专科生的实验教材，也可作为相关专业指导老师和考研学生及相关企业工作人员的参考书。

图书在版编目(CIP)数据

材料成型与加工实验教程 / 雷文编著. —南京：东南大学出版社,2017.5

ISBN 978 - 7 - 5641 - 4881 - 2

Ⅰ. ①材… Ⅱ. ①雷… Ⅲ. ①高分子材料－加工－实验－教材 ② 高分子材料－成型－实验－教材 Ⅳ. ①TB324 - 33 ②TQ316 - 33

中国版本图书馆 CIP 数据核字(2017)第 089840 号

材料成型与加工实验教程

出 版 发 行	东南大学出版社
社　　址	南京四牌楼 2 号(邮编：210096)
出 版 人	江建中
责 任 编 辑	吉雄飞
电　　话	(025)83793169(办公电话),83362442(传真)
经　　销	全国各地新华书店
印　　刷	虎彩印艺股份有限公司
开　　本	700mm×1000mm 1/16
印　　张	9
字　　数	176 千字
版　　次	2017 年 5 月第 1 版
印　　次	2017 年 5 月第 1 次印刷
书　　号	ISBN 978 - 7 - 5641 - 4881 - 2
定　　价	25.00 元

前　言

　　材料是人类赖以生存和发展的物质基础,与国民经济建设、国防建设以及人们的生活密切相关。材料类专业培养的学生将来主要从事材料设计、材料合成、材料制造等方面的工作,而材料加工成型课程对于学生掌握材料加工成型基本原理、基本工艺等十分有益,因此在高分子材料与工程、材料化学、材料科学与工程等相关专业往往都会开设类似的理论课和实验课。其中,加工成型实验课不仅可以帮助学生巩固课堂所学的理论知识,更能让学生熟悉相关加工成型机械的使用方法、加工成型工艺过程等,让课堂理论教学和工业实践能进一步紧密结合,以便将来能更快更好地适应工作的需要。

　　为了加强材料加工成型实验课程的教学,适应高等教育深化改革以及培养创新创业人才的需要,编者在南京林业大学多年自编讲义的基础上,结合自己多年的理论教学和生产实践经验,并在参考国内外大量实验教材的基础上编著了本书。

　　本书由引言、塑料的加工成型、橡胶的加工成型、复合材料的加工成型及附录等几部分构成。其中,引言部分介绍了材料成型与加工实验目的及基本要求、实验室安全、事故预防与处理、实验误差及数据处理等内容;塑料的加工成型部分介绍了塑料的配合及挤出造粒、塑料管材挤出成型等7项实验;橡胶的加工成型部分介绍了橡胶的塑炼、橡胶的混炼等4项实验;复合材料的加工成型部分介绍了玻璃纤维增强塑料(玻璃钢)矩形管的手糊成型等4组计8项实验;附录部分介绍了部分热塑性塑料的物理特性、常用单位换算表以及材料加工成型实验中涉及的部分用语的中英文对照,便于查阅使用。

　　本书的出版得到了"江苏高校品牌专业建设工程项目(PPZY2015A063)"的支持,可作为高分子材料与工程、材料化学、材料科学与工程等专业本、专科生的实验教材,也可作为相关专业指导老师和考研学生及相关企业工作人员的参考书。

　　南京林业大学陈泳老师参与了本书前身《材料成型加工实验讲义》的编写,马晓峰老师编写了"塑性溶胶制备和搪塑成型实验",包玉衡、李梦倩等研究生在本书编写过程中帮助收集、整理了部分资料,同时,编者还参考了国内外同行编写的教材、部分设备的使用说明书及网上资料,在此向他们表示感谢!本书末尾列出了部分参考文献,但囿于篇幅,未能将所有参考文献全部列出,敬请谅解!由于时间紧迫,再加上作者水平有限,书中缺陷或错误难免,望广大读者批评指正。

编著者

2017 年 2 月

目　录

第1章 引 言

1.1 材料成型与加工实验目的及基本要求

1.1.1 材料成型与加工实验的目的

材料是人类赖以生存和发展的物质基础,与国民经济建设、国防建设以及人们的生活密切相关。20世纪70年代,人们把信息、材料和能源誉为当代文明的三大支柱;而到了80年代出现以高技术群为代表的新技术革命,人们又把新材料、信息技术和生物技术并列为新技术革命的重要标志。材料除了具有重要性和普遍性以外,还具有多样性。例如,从物理化学属性来分,材料可分为金属材料、无机非金属材料、有机高分子材料和不同类型材料所组成的复合材料;从用途来分,材料可分为电子材料、航空航天材料、核材料、建筑材料、能源材料、生物材料等;更常见的一种分类方法是将材料分为结构材料与功能材料。

材料成型与加工是一门以实验为基础的学科,具有很强的实践性。材料成型与加工的理论、原理和方法都是在实践的基础上产生,又依靠理论与实践的结合而发展的,因而学习材料成型与加工这方面的课程必须做好材料成型与加工实验。通过材料成型与加工实验,可使学生掌握不同材料的不同加工与成型工艺方法,熟悉材料加工与成型所用设备的基本工作原理和操作步骤,培养学生的动手能力和工作能力,验证巩固课堂上所学的理论知识,以及培养学生理论联系实际的工作作风和发现问题、分析问题、解决问题的能力,为以后进一步的学习、工作和科研打下扎实的基础。掌握材料成型与加工实验知识和相关技能是高分子材料与工程、材料化学、材料科学与工程等相关专业学生必备的基本素质之一,也是培养21世纪高素质的材料类应用型人才的重要组成部分。

1.1.2 材料成型与加工实验的基本要求

(1) 实验前

预习是做好实验的前提和保证。在进行材料成型与加工实验之前必须提前做好预习,要认真阅读实验教材、有关参考书及参考文献,明确实验目的和要求,了解实验基本原理,特别是所用加工成型设备的基本结构和工作原理,了解大概的实验内容,对实验步骤及实验过程中需要注意的事项做到心中有数,掌握设备的操作流程,了解实验过程中可能出现的安全问题,并在头脑中勾勒出整个实验过程的轮廓,从而避免实验过程中手忙脚乱,盲目操作。在预习的基础上需写出预习报告,主要包括实验目的、方法原理、实验用主要设备及器具、操作步骤等,绘制好记录实验现象及实验数据的表格等。

（2）实验中

实验过程中,应严格遵守实验纪律,穿好实验服、戴好防护镜、束起长发,认真听取实验指导教师的理论讲解,认真观察指导教师的演示操作,对不能确定的操作步骤需及时向指导教师请教。指导教师在讲解和演示过程中,学生应保持课堂安静,不得彼此间推搡打闹。学生在自己实际操作时要认真仔细,严格按照设备操作规程和老师的指导意见进行操作,在设备运行过程中不得随意触摸任何按键,不得打开成型机械密封部件,不得随意使用或关闭控制设备的计算机或控制开关,同时要做好实验记录。实验记录要求实事求是,文字简明扼要,字迹整洁。

在实验过程中必须高度重视人身和设备安全,不得随意串岗,不得大声喧哗,防止触电以及机械致伤。实验过程中若发生意外事故,应及时关闭设备,同时报告给老师,并积极采取补救措施。当事故较严重且可能威胁人身安全时,应立即撤离。

（3）实验后

实验完成后,应按照操作规程关闭设备的电源、水源等,及时打扫实验产生的垃圾,拖洗地面,清倒废物缸,保持实验室内整洁卫生。离开实验室前检查整个实验室的水、电、气及门窗是否已全部关闭,然后将记录本、样品交给老师检查并签字确认。

1.2　实验室安全、事故预防与处理

进行材料成型与加工实验,特别是进行高分子材料及树脂基复合材料加工成型实验时,所用原料大多是易燃的,部分还具有腐蚀性或毒性,所用加工成型设备大多结构复杂,实验过程往往需要较高的温度和较高的压力,稍有不慎就有可能对实验人员造成伤害。因此,在材料成型与加工实验中,如果盲目操作,违背实验操作规程或者疏忽一些实验细节问题,就容易发生意外事故,如烫伤、机械伤等,更为严重的甚至可能导致死亡。安全在于防范,只要重视安全问题,严格按实验指导书和设备的操作规程进行实验,加强安全措施,大多数事故是可以避免的。有些事故发生后,我们还应该知道如何及时正确地处理这些事故,以减少事故造所的损失。下面介绍一下实验室安全守则和实验室事故预防与处理的常用知识。

1.2.1 实验室安全守则

① 初次进入材料成型与加工实验室,需熟悉并牢记消防器材、设备总开关、急救箱、洗眼器和冲淋器等的位置和使用方法,熟悉紧急情况下的应对方法和逃离路线,牢记急救电话110(警情)、119(消防)、120(急救)。如果发生意外,切勿慌张,应立即采取必要的措施,并及时向老师汇报。

② 使用加工成型设备前应熟悉设备的各种电气开关,尤其是所用设备的紧急按钮;实验开始前应认真检查加工成型设备是否处于正常工作状态、是否存在安全隐患;熟悉实验所用的化学药品的特性和可能存在的危险,对实验中可能出现的问题做到心中有数。必要时,在征求老师同意之后才能开始实验。

③ 实验过程中必须穿工作服,戴防护镜,必要时需戴手套进行操作(根据具体实验,服从指导教师安排);长发需束起;不得穿背心、拖鞋、露趾凉鞋等进入实验室;未经实验室管理人员批准,不准携带外人进入实验室。实验应在指定的区域内完成,不得在实验室内随意走动。

④ 实验过程中应保持实验室门和过道通畅无障碍,保持地面干燥,且不得擅自离开实验现场,不可背朝加工成型设备;要严密监视实验进程,观察实验现象是否正常,观察实验设备是否工作正常。实验过程中碰到疑问,或发现加工成型设备出现异常状态,应及时向老师反映,不得盲目操作。

⑤ 严禁在实验室内喝水、饮食,实验室内也不允许储存食品、饮料等个人生活用品;不得在实验室内、走廊、电梯间等实验室区域吸烟;未经允许且未采用必要的防护措施时严禁动用明火;实验结束后要及时用自来水将手洗干净。

⑥ 进入实验室后,不可随意触摸与实验无关的其他加工成型设备,开启加工成型设备前要确保其他同学远离危险区域。

⑦ 实验结束后,妥善关闭水、电、气开关,及时打扫卫生,并将加工成型设备清理干净;实验过程中产生的废液需倒入废液桶,不得直接倒入水池或下水道。废液、废渣及废弃的化学药品需交由专门机构收集处理。

⑧ 晚上、周末、节假日进行实验时,需报请实验室管理人员批准,且实验室内至少有两人,以确保实验安全。

⑨ 不准将实验原料带离实验室。

1.2.2　实验室事故的预防与处理

（1）火灾

材料成型与加工实验,特别是高分子材料及树脂基复合材料加工成型实验中使用的原料大多是易燃品,若处置不当,很容易引起火灾。为防止火灾事故的发生,所有化学化工原料应摆放在较低的原料架上并远离火源;同时,在满足实验需要的前提下,尽可能减少易燃化学化工原料的储存量。

实验室一旦失火,千万不要慌张,应沉着冷静,并积极采取以下处理措施:

① 立即切断火源,关闭燃气开关和通风装置,移走未着火的易燃物。

② 若是少量原料着火,当火势较小、着火面积不大时,可用黄沙盖熄;当火势较大、着火面积较大时,可用灭火器、灭火毯等予以扑灭。

③ 若是电器着火,应立即切断电源,使用二氧化碳或四氯化碳灭火剂灭火,绝不能使用水或泡沫灭火器。但需注意的是,四氯化碳蒸气有毒,在空气不流通的地方使用有危险。

④ 若是衣物着火,切勿奔跑,应就地躺倒滚动将火压熄,或用厚外衣或防火毯裹紧着火处,使火焰因隔绝空气而熄灭。

在进行灭火时,应该从火的四周开始向中心扑灭,并及时拨打119电话通报火警。另外,着火时无关人员应及时撤离,让出灭火通道,切忌围观。

（2）割伤、烫伤、灼伤或机械伤

在进行材料成型与加工实验过程中,为防止割伤、烫伤、灼伤或机械伤,应注意以下几点:

① 在实验过程中,使用切割器具、玻璃仪器等工装器具时需小心操作。

② 在操作挤出机、双辊炼胶机等加工成型设备时,切勿让身体的任何部位触及设备中加热部件,比如机筒、辊筒等;一些高温成型的样品刚刚脱离设备时也可能具有较高的温度,不要用手直接拿取,应使用专用工具取出样品。

③ 开始实验前应盘起长发,防止头发被卷进机器中而发生伤亡事故。

④ 不要随意启动任何设备按钮,特别是与实验无关的加工成型设备按钮。

1.3　数据处理

材料加工成型实验过程中往往会涉及一些理化参数的测量,在这些理化参数的测量分析中,人们不仅需要测出这些物理量的数值,而且要能判断分析结果的准确性。测量时,由于仪器及工具的构造精度和校正不完善、药品纯度与实验要求不符、观测者的视觉能力和技能水平的差异、实验者个人测量数据习惯不科学、计算公式中采用了一些假定和近似,以及观测时温度、湿度、大气折光等自然条件等的变化等因素,往往会造成实验测得的数据只能达到一定程度的准确性,测量值和真实值之间必然存在着一个差值,即"测量误差"。为了提高所测数据的可信赖程度,就必须学会检查与分析产生误差的原因,并进一步研究消除或减少误差的办法。

1.3.1 测定结果的准确度和精密度

(1) 准确度

准确度是指在一定实验条件下多次测定结果的平均值与真实值相符合的程度,常用误差来表示。若多次测定结果的平均值与真实值越接近,则误差越小,分析结果的准确度越高。误差一般有两种表示方式。

① 绝对误差:是指测量值对真实值偏离的绝对大小,其单位与测量值的单位相同,大小与真实值的大小无关,同时不能反映误差在整个测量结果中所占的比例。绝对误差的计算公式为

$$绝对误差(E) = 测量值(X) - 真实值(T)$$

即等于测得的结果与真实值之差。它的大小取决于测量过程中所使用的器皿种类和规格、仪器的精度以及测量者的观察能力等因素。

② 相对误差:是指测量所造成的绝对误差(E)与被测量的真实值(T)之间的比值再乘以 100% 所得的数值。相对误差用百分数表示,是一个无量纲的值,计算公式为

$$相对误差 = \frac{绝对误差}{真实值} \times 100\% = \frac{E}{T} \times 100\%$$

一般来说,相对误差可以反映误差对整个测量结果的影响,更能够反映测量的可信程度。

相对误差的大小既和被测量的真实值有关,也和绝对误差值有关。在测量过程中,有时虽然绝对误差相同,但由于被测量的真实值不同,相对误差的值也会随之发生改变。当绝对误差相同时,真实值越大的数据,相对误差越小。例如,用分析天平测量两个真实质量分别为 0.125 0 g 和 1.250 1 g 的样品,称得结果分别为 0.125 1 g 和 1.250 2 g,则它们的绝对误差均为 0.000 1 g,但相对误差却分别为

$$\frac{0.000\ 1}{0.125\ 0} \times 100\% = 0.08\%$$

$$\frac{0.000\,1}{1.250\,1}\times100\%=0.008\%$$

后者的相对误差仅为前者的 1/10。在进行实验数据分析时,对于不同质量的被称物体,均有相应的允许相对误差,这样便于合理地比较各种情况下实验结果的准确度。

实际使用中,如果对某物理量进行了几次测量,则可用平均绝对误差代替绝对误差,以平均相对误差代替相对误差。

(2) 精密度

精密度是指测量结果的可重复性(也即平行试验的试验结果的接近程度)及所得数据的有效数字。重复性和再现性是精密度的两个极端值,分别对应于两种极端的测量条件:前者表示的是几乎相同的测量条件(称为重复性条件),衡量的是测量结果的最小差异;而后者表示的是完全不同的条件(称为再现性条件),衡量的是测量结果的最大差异。此外,还可考虑介于中间状态条件的所谓中间精密度条件。分析结果的精密度一般可用偏差来反映,它有以下几种表示方式。

① 绝对偏差:是指个别测定的结果与 n 次重复测定结果的平均值之差,即 $x_i-\bar{x}$,其中 x_i 为任何一次测定结果的数据,$\bar{x}$ 为 n 次测定的结果的平均值。

② 相对偏差:是指测定的绝对偏差值在 n 次重复测定结果的平均值中所占的比例,计算公式为

$$相对偏差=\frac{绝对偏差}{n\text{次重复测定结果的平均值}}\times100\%$$

$$=\frac{x_i-\bar{x}}{\bar{x}}\times100\%$$

③ 平均偏差:是指单次测定值与平均值的绝对偏差(取绝对值)之和与测定次数的商,即

$$\bar{d}=\frac{\sum\limits_{i=1}^{n}|x_i-\bar{x}|}{n}$$

它是代表一组测量值中任意数值的偏差,不计正负。

④ 标准偏差:是一种量度数据分布的分散程度的标准,用以衡量数据值偏离算术平均值的程度。标准偏差越小,这些值偏离平均值就越少。当重复测定的次数 $n\to\infty$ 时,标准偏差用 σ 表示,计算公式为

$$\sigma = \lim_{n \to \infty} \sqrt{\frac{\sum\limits_{i=1}^{n} (x_i - \mu)^2}{n}}$$

式中，μ 为无限多次测定结果的平均值，称为总体平均值，即

$$\lim_{n \to \infty} \overline{x} = \mu$$

当重复测量次数 $n < 20$ 时，标准偏差用 s 表示，有

$$s = \sqrt{\frac{\sum\limits_{i=1}^{n} (x_i - \overline{x})^2}{n-1}} \quad (n < 20)$$

准确度和精密度虽然是两个不同的概念，但它们之间存在着一定的联系：测量结果要想具备高的准确度就必须具备高的精密度；但高的精密度并不一定带来高的准确度，因为测量过程中如果存在系统误差，测定结果仍然可以获得较高的精密度，但此时准确度却不高。

1.3.2　测量分析中误差产生的原因

材料加工成型实验过程中往往涉及物料的称量、成型制品尺寸的测量等，在进行这些测量分析的一系列操作过程中，即便技术相当熟练的测量者使用最准确可靠的方法、仪器进行测量，都不可能获得绝对准确的结果，即测定过程中的"误差"是不可避免的。虽然材料加工成型实验对数据的处理要求不像一些分析实验那样苛刻，但不准确的测量结果有时会影响到对实验效果的判断，因而分析实验过程中误差产生的原因，采取必要的措施减小误差同样十分必要。材料加工成型实验过程中测量分析产生的误差可分成两类，即系统误差和随机误差。

系统误差又叫做规律误差、可测误差，是在一定的测量条件下对同一个被测物体进行多次重复测量时，误差值的大小和符号（正值或负值）保持不变；或者在测量条件变化时，误差值按一定规律变化。前者称为定值系统误差，后者称为变值系统误差。

在材料加工成型实验中最常见的系统误差是仪器误差，即使用了未经校正的仪器或没有按规定条件使用仪器而造成的误差。比如使用的天平的灵敏度低或者砝码本身重量不准确等，再比如游标卡尺自身刻度不准。为克服系统误差，使用测量、称量仪器前应对其先进行校正，选用符合要求的仪器；或求出其校正值，并对测定结果进行校正。

系统误差的存在虽然对多次重复测定结果的精密度不造成影响,精密度数值可能十分好,但会影响到称量、测量及分析结果的准确度。由此可知,当评价分析结果时,不能仅从精密度高就作出准确度高的结论,而必须在校正了系统误差后再判断其准确度高低。

随机误差也称为偶然误差和不定误差,是由于在实验过程中一系列有关因素微小的随机波动(如测试过程中室温、相对湿度和气压等环境条件的波动等)而形成的具有相互抵偿性的误差,其值是不定的、可变的,大小和正负无一定的规律性。但当实验次数很多时,用统计方法可以找出它具有如下规律:

① 真值出现机会最多;

② 绝对值相近而符号相反的正、负误差出现机会相等;

③ 小误差出现的机会多,而大误差出现的机会较小。

上述规律可用正态分布曲线来表示。正态分布又叫高斯分布,它的特点是测试结果的均值出现的概率最大,位于正态曲线的正中央,正态曲线由测试结果均值处开始分别向左右两侧逐渐均匀下降(见图1)。图中,横轴代表测量值 x 出现的偏差大小,以标准偏差 σ 为单位(而 μ 代表真实值,即偏差为0);纵轴代表偏差出现的概率。对于化学分析而言,其偏差一般以 $\pm 2\sigma$

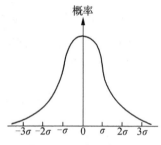

图1 正态分布曲线

作为允许的最大偏差。一般偏差绝对值大于 2σ 的测定出现几率只有5%,而大于 3σ 只有0.3%的几率(即1 000次测定中只会出现3次)。一般测定往往是有限次的,如果遇到个别数据偏差大于 3σ,可以认为其不属于偶然误差的范围了。同时,从上述正态分布曲线也可以找出偏差的界限。例如,若要保证测定结果有95%的出现几率,则测定的偏差界限应当控制在 $\pm 1.96\sigma$ 之内。

由上可知,在消除了系统误差以后,再用算术平均值来表示分析结果,并对测量结果的精密度进行评价是有一定的理论依据的。因此随机误差的大小可用"精密度"的大小来说明:分析结果的精密度越高,则随机误差越小;精密度越低,则随机误差越大。

但是对一个未考虑系统误差的分析结果,即使有很高的精密度,也不能说明测定结果有很高的准确度。而只有在消除了系统误差以后,精密度高的分析结果才是既准确又精密的结果。

比如,甲、乙、丙三位学生分别称量某样品的质量,甲的称量结果是1.222 2 g、1.222 3 g、1.222 2 g,乙的称量结果是1.230 2 g、1.230 3 g、1.230 2 g,丙的称量结果是 1.230 3 g、1.231 3 g、1.220 5 g,假设样品的实际质量是 1.222 2 g,则说明:甲的称量结果精密度、准确度均高;乙的精密度高,但准确度不高;丙的精密度和准确度均不高。

1.3.3 消除或减少误差、提高测量准确度的方法

欲提高测定结果的准确度,就必须消除或减少测定过程中的误差,具体方法如下。

(1) 系统误差的消除或减少

材料加工成型实验过程中应选用合适的实验仪器,或在实验前对所使用的仪器、器皿进行校正并求出校正值,同时尽量满足仪器使用的工作条件,以消除或减少仪器所带入的误差。校正值可根据相关仪器的校正曲线获得,必要时可用已知量去代替被测量,并使仪器的工作状态保持不变。由已知量求得被测量,从而克服了仪器自身带来的误差。

(2) 随机误差的消除或减少

消除或减少随机误差的最直接方法是增加测量次数。在消除数据中的系统误差之后,算术平均值的误差将由于测量次数的增加而减小,平均值越趋近于真值。一般当测量次数达 10 次左右时,即使再增加测量次数,其精密度也不会有显著的提高,因而在实际应用中,根据经验只要仔细测定 3~4 次即可使随机误差减小到很小。为消除或减少随机误差,实验操作过程中必须仔细、认真,严格按照测试操作规程进行操作,并对实验数据进行重复审查和仔细校核,尽可能减少记录和计算的错误。

1.3.4 有效数字及运算规则

(1) 有效数字

有效数字是指分析工作中实际能够测量到的数字,包括最后一位可疑的、不确定的数字,而其中通过直接读取获得的准确数字叫做可靠数字。例如温度的测量值为 $(30.12 \pm 0.02)℃$,其中,30.1 是可靠数字,最后位数"2"是可疑的、不确定的。有效数字是根据测量仪器的精度而确定,记录和计算时只记有效数字,不必记录其他多余的数字。严格地说,一个数据若没有记明不确定范围,则该数据的含义是不清的。

有效数字的位数按下列方式确定:

① 在有效数字中,直读获得的准确数字叫做可靠数字,最后一位是可疑的、不确定的数字。任何一个物理量的数据,其有效数字的最后一位,在位数上应该与误

差的最后一位划齐,如 30.12 ± 0.02 是正确的,若写成 30.1 ± 0.02 或 30.12 ± 0.2,则意义不明确。

② "0"在数字的最前面不作为有效数字,"0"在数字的中间或末端都看作有效数字。例如 1.02 与 0.102 的有效数字同样是 3 位,而 1.020 则表示有 4 位有效数字。

③ 为了明确表明有效数字,凡用"0"表明小数点的位置,通常用乘 10 的相当幂次来表示,且统计有效数字时,"10"不包括在有效数字中。例如上述数值 0.102 可以写成 1.02×10^{-1} 或 10.2×10^{-2},都为 3 位有效数字。对于像 10 120 cm 这样的数,如果实际测量只能取 2 位有效数字,则应写成 1.0×10^{4} cm;如果实际测量可量至第 3 位,则应写成 1.01×10^{4} cm;如果实际测量可量至第 4 位,则应写成 1.012×10^{4} cm。

④ 采用对数表示时,有效数字仅由小数部分的位数决定,首数(整数部分)只起定位作用,不是有效数字。例如 pH$=7.68$,则 $[H^{+}]=2.1\times10^{-8}$ mol·L^{-1},只有 2 位有效数字。

(2) 有效数字的运算规则

在分析测定过程中,往往要经过若干步测定环节,需要读取若干次准确度不一定相同的实验数据。对于这些数据,应当按照一定的计算规则合理地取舍各数据的有效数字的位数,这样既可节省时间,避免因计算过繁而引入错误,又能使结果真正符合实际测量的准确度。常用的基本规则如下:

① 在表达的数据中,应当只有一位可疑数字。

② 对于位数很多的近似数,当有效位数确定后,只保留至有效数字最末一位,再按照"四舍六入五成双"规则将其后面多余的数字舍去。即当后面多余数字第一位不大于 4 时,将多余数字直接舍去;当后面多余数字第一位不小于 6 时,则进上一位后再舍去;当后面多余数字第一位为 5 时,则应根据 5 后面的数字来定。具体来说,就是当 5 后有数时,舍 5 入 1;当 5 后无数时,需要分两种情况来讲:一是 5 前为奇数时舍 5 入 1,二是 5 前为偶数时舍 5 不进(0 是偶数)。例如,将 0.314,0.317,0.335 和 0.565 分别处理成两位有效数字,则分别为 0.31,0.32,0.34 和 0.56。

③ 在加减法运算中,有效数字的位数的确定以绝对误差最大的数为准,也即取到参与运算的所有数据中最靠前出现可疑数字的那一位。例如,将 2.583,20.06 和 0.013 05 三个数相加,根据上述原则,上述三个数的末位均是可疑数字,分别位于小数点后第 3、第 2 和第 5 位,它们的绝对误差分别为 ±0.001,±0.01 和 $\pm0.000\ 01$。其中最靠前出现可疑数字、绝对误差最大的为 20.06,则以此数据为

准确定运算结果的有效数字位数为小数点后两位。运算时,先将其他数字依舍弃原则取到小数点后两位,然后再相加,得

$$
\begin{array}{r}
2.58\\
20.06\\
+)\ 0.01\\
\hline
22.65
\end{array}
$$

再如,计算 $19.68-3.523$。在 19.68 和 3.523 两个数据中,最靠前出现可疑数字、绝对误差最大的是 19.68,因而运算时先将 3.523 按照舍弃原则取到小数点后两位,然后再相减,得

$$
\begin{array}{r}
19.68\\
-)\ 3.52\\
\hline
16.16
\end{array}
$$

④ 在乘除运算中,运算后结果的有效数字位数以参与运算各数中有效数字位数最少的,即相对误差最大的数为准。例如,要求计算 3.21×15 的结果,3.21 和 15 的有效数字位数分别为 3 位和 2 位,相对误差分别为

$$
\frac{\pm0.01}{3.21}\times100\%=\pm0.3\%
$$

$$
\frac{\pm1}{15}\times100\%=\pm7\%
$$

其中有效数字位数最少、相对误差最大者为 15,为 2 位有效数字,所以运算结果也应取 2 位有效数字。又

$$
\begin{array}{r}
3.21\\
\times)\ \ \ \ 15\\
\hline
48.15
\end{array}
$$

故最终结果为 48(2 位有效数字)。

另外,对于高含量组分(大于 10%)的测定,一般要求分析结果以 4 位有效数字报出;对中等含量组分(1%~10%),一般要求以 3 位有效数字报出;对于微量组分(小于 1%),一般只以 2 位有效数字报出。在化学平衡计算中,一般保留 2 位或 3 位有效数字。计算 pH 时,小数部分才是有效数字,只需保留 1 位或 2 位有效数字。当计算分析测定精密度和准确度时,一般只保留 1 位有效数字,最多取 2 位有效数字。

在计算过程还常会遇到一些分数。例如从 250 mL 容量瓶中移取 25 mL 溶液,即取 1/10,这里的"10"是自然数,可视为足够有效,不影响计算结果的有效数

字位数。

再者,若某一数据的第一位数字大于或等于8,其有效数字的位数可多算一位。例如9.48,虽然只有3位有效数字,但它已接近10.00,故可看成是4位有效数字。

目前,计算机及电子计算器的使用已相当普遍,由它们计算得到的结果中数据位数也较多。对于这些数据我们不能照抄,而应根据有效数字运算法则正确保留最后计算结果的有效数字。

1.3.5 实验结果的数据表达与处理

实验所得到的数据经归纳、处理后才能合理表达,从而得出令人满意的结果。材料加工成型实验数据的表示方法一般有列表法、作图法、数学方程和计算机数据处理法等。

(1)列表法

所谓列表法,即根据实验数据一一对应列表,并把相应计算结果填入表格中。采用列表法处理数据简单清楚。比如,在"摩阻材料的制备"实验中,由于摩阻材料是一种多组分复合材料,且各个组分的相对用量是可变的,此时采用列表法记录实验所对应的各个组分的用量以及模压工艺条件等可以使实验报告一目了然。列表时要求如下:

① 表格必须写清简明完备的名称;

② 表中每一行(或列)上都应详细写上该行(或列)所表示量(组分)的名称、数量单位和因次;

③ 表格中记录的数据应符合有效数字规则,数字的排列要整齐,位数和小数点要对齐;

④ 表格亦可表达实验方法、现象及反应方程式。

(2)作图法

将列表法所用表格中的数据改用作图法来表达,可更直观表达实验结果及其特点和规律。比如,在进行"不饱和聚酯树脂的凝胶、固化"实验时,可以时间为横坐标、放热温度为纵坐标绘制实验过程中的放热曲线,然后可根据此曲线分析不饱和聚酯树脂凝胶、固化等特征值。作图法的要求如下:

① 作图应使用直角坐标纸,两个变量各占一个坐标,同时选定主变量和因变量,以横坐标为主变量,以纵坐标为因变量。

② 每一对数据在图上就是一个点,以×,△,○等符号标出。画曲线时,先用淡铅笔轻轻地循各代表点的变化趋势手绘一条曲线,然后用曲线尺逐段吻合手描线,

作出光滑的曲线。当曲线不能通过所有代表点时,所描曲线应尽可能接近大多数的代表点,使各代表点平均分布在曲线两侧,或使所有代表点到曲线距离的平方和为最小(符合最小二乘法原理)。在同一坐标纸上可用不同颜色或不同符号表达几次测量的曲线。同时,在图上还应注明图名,标明坐标轴代表的物理量及单位。

(3) 数学方程和计算机数据处理法

数学方程和计算机数据处理法是按一定的数学方程式编制计算程序,再由计算机完成数据处理、图表制作和曲线拟合等。比如上述"不饱和聚酯树脂凝胶、固化"实验,可根据实验结果,利用 Excel 或 Origin 软件直接绘制出图形。

第2章 塑料的加工成型

2.1 塑料的配合及挤出造粒实验

2.1.1 实验目的

(1) 掌握塑料原材料的配混操作工艺。

(2) 掌握挤出成型的基本原理。

(3) 了解挤出机的基本结构及各部分的作用,掌握挤出、造粒的基本操作。

(4) 了解挤出造粒的用途。

2.1.2 实验原理

挤出成型又叫挤塑(或挤出模塑)成型,是塑料加工工业中最早出现的成型方法之一,也是目前高分子材料加工领域中运用最多、最广泛且最重要的方法之一,其成型过程类似于金属材料的挤压成型。高分子材料的挤出成型具有生产率高、适应性强、用途广泛等特点,它的基本工作原理是将粒状或粉状物料由挤出机料斗连续加入到料筒中,借助挤出机内螺杆或柱塞的挤压、推动作用,使受热熔融的物料在压力推动下强制、连续地通过口模,形成与口模相似的、具有恒定断面的连续型材,再经冷却定型、加工得到改性聚合物材料或制品。

挤出成型工艺适应性很宽,几乎可用于所有高分子材料的加工,特别是在塑料产品成型加工方面应用最多;挤出成型所用的原料广泛,大部分热塑性塑料原料,如聚氯乙烯、聚乙烯、聚丙烯、聚苯乙烯、聚酰胺、聚丙烯酸酯类、聚偏氯乙烯、ABS等,均可用于挤出加工,某些热固性塑料原料,如酚醛、脲醛等也可用于挤出成型。造粒及塑料改性是挤出成型工艺的重大用途之一。

挤出成型所用的主要设备叫挤出机。挤出机种类很多,分类方法也较多,常见的分类方法有如下几种:

① 根据挤出机所使用的螺杆数量进行分类,分为无螺杆挤出机、单螺杆挤出机、双螺杆挤出机和多螺杆挤出机等;

② 根据挤出机的安装方式(主要是其中螺杆的安装方式)进行分类,分为立式挤出机和卧式挤出机等;

③ 根据挤出机的功能进行分类,分为喂料型挤出机、混炼造粒型挤出机、成型用挤出机等;

④ 根据挤出机螺杆的转速进行分类,分为普通转速挤出机、高速挤出机、超高速挤出机等;

⑤ 根据挤出机的装配方式进行分类,分为整体式挤出机、组装式挤出机等;

⑥ 根据挤出机在挤出过程中是否排气进行分类,分为排气式挤出机和非排气式挤出机等;

⑦ 根据挤出机的用途进行分类,分为橡胶用挤出机和塑料用挤出机等;

⑧ 根据挤出机喂料方式进行分类,分为热喂料挤出机和冷喂料挤出机等。

在构成上,挤出机主机主要包括挤压系统、传动系统、加热冷却系统及控制系统。其中,挤压系统又称塑化系统,由螺杆、机筒、料斗等构成,是挤出机最关键的部分,也称为挤出机的心脏,其参数与原材料性能有关,它的作用是使物料均匀塑化成熔体,并将熔体定量、定压、定温地挤出。传动系统是挤出机的重要组成部分之一,用来带动螺杆旋转,即是给挤出机传递动力的,通常由电动机、减速装置、变速器及轴承系统等组成,同时还应有良好的润滑装置、过载保护装置、快速制动装置等。传动系统在给定的工艺条件(如机头压力、螺杆转速、挤出量、温度)下驱动螺杆,保证螺杆在挤出过程中获得所需要的力矩和转速,且能均匀旋转;同时挤出机的传动必须尽可能与挤出机的工作特性相适应,生产过程中动力传递应平稳进行,且可实现无级调速。加热冷却系统主要由加热器和冷却装置组成。加热与冷却是挤出成型过程特别是塑料制品挤出成型过程能够顺利进行的必要条件,通过对机筒进行加热或冷却,保证塑料和挤压系统在成型过程中的温度达到工艺要求。控制系统主要由电器、仪表和执行机构等组成,其作用是调节并控制主、辅机电动机,以满足所需要的转速和功率;控制主、辅机温度、压力、流量,保证挤出机正常、稳定生产,保证制品质量;实现整个挤出机组的自动控制,保证主、辅机协调运行;进行数据的采集和处理,实现闭环控制。

螺杆是挤出机的最关键部件,直接关系到挤出机的应用范围、生产效率和能耗等,其作用是输送、塑化固体物料并输送熔体。由于挤出成型所用物料种类众多,彼此间物性也不尽相同,故螺杆有多种形式,但材质上都由高强度、耐热、耐腐蚀的合金钢制成。通过螺杆转动带动料筒内的物料发生移动并得到增压,同时因摩擦而取得部分热量(摩擦热),物料被熔融、混匀后定量定压地输送到机头并从口模挤出而成型。螺杆的一些主要几何参数,如螺杆直径、长径比、各段长度、螺槽深度等,在很大程度上决定了挤出机的性能,故常作为挤出机型号的参数。最常见、最普通的螺杆又称为常规全螺纹螺杆或三段式螺杆,结构上分为三段,即进料段

L_1（又称固体输送段）、压缩段 L_2（又称熔融段）和计量段 L_3（又称均化段）（见图1）。除此之外，目前还出现了许多新型螺杆，如四段螺杆、五段螺杆、二阶螺杆等。

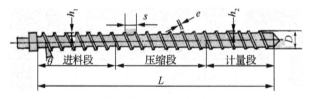

图1 典型的三段式螺杆的结构图

另外，为了能对不同品种的塑料产生较强的输送、挤压、混合和塑化作用，螺杆可采取多种结构形式，主要有渐变型和突变型两种。渐变型螺杆对大多数物料能提供较好的热传导，对物料的剪切作用较小，适用于热敏性塑料的挤出，大多用于无定型塑料的加工，也可用于结晶塑料；突变型螺杆压缩段较短，对物料剪切作用强，适用于粘度低、具有明显熔点的塑料，如聚酰胺、聚烯烃等。近几年，又发展了各种新型螺杆，如分离型螺杆、屏障型螺杆、分流型螺杆等。

机筒又称料筒，是挤出机的主要部件之一，塑料的塑化和加压都在其中进行。机筒结构分为整体式、组合式（又称分段式）和衬套式三种。机筒外部设置有分区加热冷却系统，起到将热量传递给物料或将热量从物料中带走的作用。机筒上开有加料口，加料口可以为圆形、矩形、方形等，其中以矩形最为常见。

料斗的主要作用是盛放物料，并将物料输送到机筒内。料斗的形状一般为圆柱圆锥形或圆锥形；料斗底部装有截流装置，以调整和切断料流；料斗的侧面装有视窗和标定计量装置，以观察料位、标定料量；料斗上方有盖，以防灰尘、杂物落入；料斗喉部处有时设置有磁铁装置，用于吸附物料中可能含有的金属杂质。有些料斗还内设干燥或预热装置及定量供料装置。此外，对一些易从空气中吸收水蒸气及灰尘的物料，料斗中有时还配有真空减压装置，即真空加料装置。

机头和口模既可作为一整体，统称为机头，也可将两者分开，仅将机头作为口模与机筒之间的过渡部分。同一挤出机使用不同的机头，可使挤出机具有不同的用途。机头内装有成型模具，是成型制品的主要部件，其作用是将来自机筒的塑料熔体由旋转运动转变为平行直线运动，使塑料塑化更加均匀，并将熔体均匀平稳的导入模套中，同时赋予塑料以一定的成型压力，确保制品密实。口模为具有成型制品截面形状的部件，塑料熔体在口模中流动时取得所需形状，并被口模外的定型装置和冷却装置冷却硬化而定型。

市面上提供的塑料原料一般为粉状或颗粒状，其中粉状原料粒径小，成型加工不方便，而颗粒料在性能上有时达不到使用要求。为了克服上述不足，往往需要对原有的粉状或颗粒状塑料进行改性,一般是在树脂中加入一些填料或助剂,混匀后再重新加工成颗粒料,该工序即所谓的"造粒"。

塑料造粒可以使用辊压法混炼,即将塑料原料与填料、助剂等混合均匀后,利用双辊炼胶机等设备辊压均匀,待塑料出片后再对其进行切粒。这种方法操作较为繁琐且生产效率低下,一般较多用于实验室少量样品的制备。当所需改性料较多,特别是工业化规模生产时,一般采用挤出方式进行造粒改性,此时将混合好的原料经挤出机挤出塑炼,塑化挤出成条后再利用切粒机将其切割成满足制品性能需求的粒料。造粒时,切粒机可兼具牵引的作用,因而挤出造粒连续性好,生产效率高,且物料混合更加均匀。

2.1.3　仪器与原料

(1) 仪器

① SHR–10A 型高速混合机(江苏省张家港市宏基机械有限公司生产):总容量为 10 L,有效容积为 7 L,电机功率为 3 kW,主轴转速为 1 500 r/min(选择范围为 600～3 000 r/min),加热方式为自摩擦,卸料方式为手动。

② SHJ–20B 型双螺杆配料混炼挤出机(南京杰恩特机电有限公司生产):该机生产线如图 2 所示,主要技术参数如表 1 所示。

图 2　SHJ–20B 实验挤出生产线

表 1　SHJ–20B 型双螺杆配料混炼挤出机主要技术参数

指标名称	螺杆直径(mm)	槽深(mm)	螺杆长径比	最大螺杆转速(r/min)	电机功率(kW)	生产能力(kg/h)
指标参数	21	3.85	32	600	3	1～15

(2) 原料

本实验所需原料如下:中石化兰州石化高密度聚乙烯(HDPE 5000S)、碳酸钙粉(800 目)、马来酸酐。

2.1.4 实验步骤

（1）配料

按照配方在天平上分别称量物料。

（2）物料的高速混合

① 打开混合机上盖，将高速混合机内及排料口等处积存的其他物料清理干净。

② 盖紧釜盖，然后接通电源，使其空转数分钟，查看机器运转、加热等有无异常。

③ 在机器正常的情况下打开电源，预热机器。当温度达到预设温度时，将各种原料一次性全部加入到混合室中，开机高速混合 6 min。排料前 1 min 停机，并开盖清理料仓，然后边搅拌边打开排料阀，将物料排入容器内密封冷却待用。

（3）物料的挤出造粒

① 开车准备

进入实验室，首次操作挤出机前应在老师指导下认真做好开车准备，主要包括：

（ⅰ）检查所有电气配线是否准确及有无松动现象，检查电压是否标准及电流是否缺相。

（ⅱ）检查整个机组地脚螺栓是否旋紧，风机、切粒机、水槽、旋风分离器等辅机固定螺栓是否旋紧，检查料斗及风管、水管安装螺栓是否旋紧并密封。

（ⅲ）检查筒体加热瓦是否紧贴筒体（若松动，可适当旋紧安装螺丝），检查各热电偶、熔体传感器等检测元件安装是否良好。

（ⅳ）检查所有清洁点是否有破损，并对所需连接点进行清洁。

（ⅴ）启动润滑油泵，检查旋转方向是否正确以及各油管接头有无松动及泄漏，检查各润滑支路油流是否均匀稳定。

（ⅵ）清洁主机水箱，往水箱注软水至液位计上部二分之一处，启动水泵，检查旋转方向是否正确。若旋转方向正确却无水压显示，打开水泵注水孔，当吸水管注满水后即可重新启动水泵。保持水压 0.3～0.4 MPa，所有上、下水管均应畅通、无泄漏，各控制阀门均应调节灵便。

（ⅶ）启动喂料机，观察喂料机能否正常工作，喂料螺杆能否正常旋转。在机器正常运转时齿轮啮合应无异常响声。

（ⅷ）对有真空排气要求的作业，应在冷凝罐内加好洁净自来水至液位计上部二分之一处，启动真空泵，检查旋转方向是否正确；关闭真空管路及冷凝罐各阀门，检查排气室密封圈是否良好。

（ix）分区合上加热瓦空气开关，逐个检查加热瓦是否发热。当主机加热到指定温度并保温 20 min 后，按双螺杆正常转向盘动传动箱联轴器背靠轮，双螺杆与筒体、双螺杆之间在转动数圈中应均无干涉，无异常响声，且盘动应轻快灵活。

（x）将料斗清理干净，确认无杂质异物后才可向其中加入混合料。

（xi）启动切粒机，检查切粒机能否正常工作。

（xii）将冷却水槽中注入 3/4 容积的冷却水。

（xiii）准备好本实验过程中可能要用到的各种辅助工具和物品，如剪刀、夹具、通模孔的钢丝、手套、包装袋等。

② 挤出造粒

（i）接通冷却水阀，开启主机总电源开关，合上各段电加热器的开关，按工艺要求对各加热区温控仪表进行参数设定，然后对挤出机料筒进行预热。当各段温度达到设定值后继续恒温 30 min 以上，同时进一步检验各段温控仪表工作和电磁阀（或冷却风机）工作是否正常。

（ii）开启润滑油泵，再次检查系统油路有无泄漏，确保其至少稳定 1 min 以上。

（iii）手工盘动联轴器，若感觉盘动较为容易，表明螺杆转动时阻力较小，具备开机操作的条件，此时可准备启动主电机进行实验；反之，如果手动盘车操杆时感觉阻力较大，说明机筒内塑料熔融程度尚未达到开车要求，此时应继续等待一段时间再行检验，若仍然阻力较大，则应适当提高料筒温度，直至手动盘车顺利为止。

（iv）将主机调速旋钮设置在零位，启动主电机，逐渐升高主螺杆转速。在不加料的情况下，空转转速不高于 20 r/min 且时间不超过 1 min，检查主机空载电流是否稳定。

（v）主机空转若无异常，启动喂料机，调整喂料机转速设定，确保喂料机以尽可能低的转速进行喂料，待机头有物料排出后再缓慢地升高主螺杆转速，待电流平稳无异常后缓慢升高喂料螺杆转速，并使喂料机和主机转速相匹配。调速过程中应随时密切注意主机电流指示，控制主机电流不超过额定电流的 80%。每次主螺杆升速应不大于 50 r/min。若喂料机升速，应按工艺要求逐渐加量（主电流上升过快，应适当降低加料量），升速直至达到工艺要求的工作状态。

（vi）各筒体段冷却管路装有手动节流阀及电磁阀（加料段筒体仅装有手动节流阀）。在开车启动阶段，软水循环系统不需要使用，待主机运转平稳后则可启动软水系统水泵，然后微微打开需冷却筒体段节流阀门（不可猛然全开），等待数分钟观察该段温度变化情况。若温度无明显下降趋势或下降至某一新平衡温度但仍超过允许值时，则可适当调大管路阀门的开度（这一过程往往需一定反复才能达到要求）。阀门开度调节确定后，对同一物料作业一般不需再进行调节。

（vii）主机运转过程中,为避免物料高剪切混炼过热,应注意观察各段温升,确定是否开启软水循环冷却系统。水量确定后,在正常运转中一般不需要再进行调节。

（viii）根据需要,确定是否需要打开真空泵排气。排气操作一般在主机进入稳定运转状态后进行,先打开真空泵进水阀调节控制适当的工作水量,再启动真空泵。从排气口观察到螺槽中物料塑化完全且不冒料时即可打开调节真空管路阀门,并关闭排气室上盖,将真空度控制在要求的范围内。

（ix）待物料以熔融状态从口模中挤出后,借助夹具对挤出物进行人工牵引,使挤出的线条经冷却水槽冷却并输送进切粒机中带有刀片的辊筒上,然后启动切粒机,利用切粒机中辊筒的转动对挤出线条进行牵引,并不断地被刀片切成粒料。调节切粒机辊筒转速,确保挤出线条被均匀牵伸,收集切割后的塑料粒子。

（x）待料斗中的物料全部加载完毕,将喂料机的转速调至零位,按下喂料机停止按钮,关闭真空管路阀门,然后打开真空室上盖,逐渐降低主机螺杆转速,尽量排尽筒体内残存物料(对于其他受热易分解的热敏性料,停车前应用聚烯烃料对主机中残留物料进行置换)。待物料基本排完后,将主机的转速调至零位,按下主机停止按钮,停止主机。

（xi）当没有更多挤出线条进入切粒机时,将切粒机辊筒转速调至零位,断开切粒机电源及其他辅助设备电源,同时关掉控制柜总电源,关闭各外接水管阀门,包括加料段筒体冷却水、油润滑系统冷却水、真空泵和水槽冷却水等(主机筒体各软水冷却管路节流阀门不动)。

（xii）将造好的粒料放入瓷盘内,在(75±5)℃烘箱中干燥 4 h 左右,自然冷却至室温后装袋密封,留作后续实验使用。

2.1.5 实验数据记录与处理

（1）物料组成（见表 2）

表 2　物料组成

物料	高密度聚乙烯（HDPE）	碳酸钙粉	马来酸酐
质量(g)			

（2）工艺条件（各区域温度见表 3）

表 3　各区域温度

位置	Ⅰ区(加料)	Ⅱ区	Ⅲ区	Ⅳ区(口模)
温度(℃)				

螺杆变频器频率:＿＿＿＿＿＿＿＿＿＿＿＿＿＿＿＿＿＿＿＿＿＿＿＿＿

熔体压力：_____

主机转速：_____

喂料转速：_____

切粒转速：_____

2.1.6　注意事项

（1）遇有紧急情况需要停主机时，可迅速按下控制柜面板上的红色紧急停车按钮，并将主机及各喂料调速旋钮旋回零位，然后将总电源开关切断。在消除故障后，才能再次按正常开车顺序重新开车。

（2）金属、砂石等硬物杂质落入机筒将会损伤机筒内壁及螺杆表面，因此在实验前应仔细检查物料中有无金属、砂石等杂质，一旦发现，必须立即清除。

（3）为预防螺杆及筒体损坏，在打开排气室或料仓盖时须严防有异物落入；禁止用金属工具在料斗内手动搅拌物料；清理排气室中已冒出的物料时禁止用金属工具，可用木片、竹片。

（4）启动螺杆前必须对螺杆进行充分预热，达到预热温度后仍应在此温度下保持一段时间，然后手动盘转联轴器。如果联轴器能够被顺利盘动，则可进行后续实验；若盘动困难，应再等上一段时间后再试，直至联轴器可以被顺利盘动为止。

（5）螺杆只允许在低速下启动，空转时间不超过 1 min，及时喂料后才能逐渐提高螺杆转速至最佳转速。

（6）挤出过程中应密切观察工艺参数的变化，一旦其稳定不变后不能随便变动。

（7）塑料的挤出成型是在较高的温度下进行的，实验过程中应注意不要直接接触筒体、机头及热的挤出物，防止被烫伤。

（8）每次实验结束后应及时清扫主机、辅机周边工作环境；对于残存在模头内粘性物料，应及时将其清理干净。

（9）实验过程中应保持主电机的电流稳定，若电流波动较大或急速上升，应暂时减少供料量，待其稳定后再逐渐增加；螺杆应在规定的转速范围内平稳运转。

（10）若排气口有冒料现象，可通过提高主机转速、降低喂料机螺杆转速以及改变螺杆组合构型等方法消除。

2.1.7　思考题

（1）在什么情况下需要对高分子材料进行挤出造粒？

（2）挤出机的哪些参数影响挤出量？如何影响？

（3）在挤出、造粒过程中可能出现的问题有哪些？如何克服？

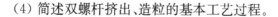

（4）简述双螺杆挤出、造粒的基本工艺过程。

2.1.8 预习要求

（1）了解挤出造粒的意义与作用。

（2）了解双螺杆挤出机的工作原理。

（3）了解实验所用挤出机、造粒机的基本结构，列出该挤出机及造粒机的主要技术参数。

（4）列出实验所用的原料及助剂，熟悉本实验所用原料的物理特性及挤出成型工艺参数。

（5）了解实验过程中的注意事项，分析实验过程中可能存在的安全隐患。

（6）了解影响造粒质量的因素及其解决方法。

2.1.9 附注

（1）螺杆的部分技术参数

① 螺杆直径（D）

螺杆直径是指螺杆外圆直径，它是挤出机的重要参数，用 D 表示，单位为 mm。对于变直径螺杆，D 为一个变值；对于锥形双螺杆，一般用小端直径表示螺杆直径。单螺杆挤出机的规格一般用螺杆直径 D 大小表示，它在一定意义上可以表征挤出机挤出量的大小。螺杆直径越大，挤出机的生产加工能力越高。

我国挤出机标准所规定的螺杆直径系列为 30,45,65,(85)90,(115)120,150,200（单位：mm）。一般情况下，确定的螺杆直径应符合此系列。

② 长径比（L/D）

长径比是指螺杆工作部分长度（有效长度）L 与直径 D 之比，用 L/D 表示。其中，有效长度 L 是指螺杆中螺纹部分的长度，而工艺上将 L 定义为从加料口中心线到螺纹末端的长度。L/D 是单螺杆挤出机的又一个重要参数，是决定螺杆体积容量的主要参数，是影响螺杆塑化能力及塑化质量的重要因素，也是决定单螺杆挤出机生产能力的重要参数。但就双螺杆挤出机而言，长径比对其生产能力的影响不及单螺杆挤出机，双螺杆挤出机的生产能力除与 L/D 值有关外，更多地取决于其他一些参数，如螺杆直径、螺杆转速、螺杆构造等。L/D 值与多种因素有关，应根据物料的热稳定性、粘度等特性及具体的需要和加工条件来确定，也可以由统计类比的方法来确定。

挤出机螺杆的 L/D 值通常介于 15～30 之间，其中最常见的是 18～20，但目前有加大的趋势，近年来发展的挤出机有达 40 的，甚至更大。

③ 螺槽深度(h)

(ⅰ)进料段螺槽深度(h_1):螺杆进料段的主要功能是将从料斗获得的固态物料传递给压缩段,同时使物料受热。在常规的螺杆中,此段螺槽的深度一般是一个定值。h_1 越大,螺槽容积越大,对物料的输送量增加,故此段螺槽一般较深。但螺槽变深,螺杆芯轴直径将减小,螺杆的抗扭强度下降。

(ⅱ)压缩段螺槽深度(h_2):螺杆压缩段的主要功能是确保物料在该段受热向前运动时,将物料由松散状态不断被压实并转化为连续的熔体。对常规螺杆来说,h_2 最重要,且是一个逐渐减小的变量,以达到压缩物料的效果。

(ⅲ)计量段螺槽深度(h_3):螺杆计量段的主要功能是使熔体进一步均匀塑化,并定量、定压地将熔体从机头口模中挤出。和 h_1 相似,常规螺杆的 h_3 一般也为定值。h_3 越小,则塑化发热、混合性能指数越高。但计量段螺槽深度太浅会导致剪切热增加,自生热增加,温升太高,易造成塑胶变色或烧焦,尤其不利于热敏性塑料。

④ 螺距(s)和螺旋升角(θ)

螺距是指相邻两个螺纹之间的距离,用 s 表示,单位为 mm。s 减小,存料区的物料在螺槽中的分布长度增加,物料与机筒之间的接触面积增大,物料在螺槽中的停留时间延长,故有利于提高熔体的温度,特别是低温区的温度,使熔体温度分布更加均匀。螺旋升角是指中径圆柱上螺旋线的切线与垂直于螺纹轴线的平面之间的夹角,用 θ 表示。s,θ 及螺杆直径 D 之间的关系为

$$s = \pi D \tan\theta$$

对于不同形状的物料,螺旋升角 θ 的值应有所不同。理论上,$\theta = 45°$ 为最佳螺旋升角,但实践证明 $D = s$ 的螺杆最易加工,所以一般 θ 取 $17°40'$。

⑤ 螺棱宽度(e)

螺棱宽度是指螺纹轴向螺棱顶部的宽度,用 e 表示,单位为 mm。e 越大,则其占据的螺槽空间越多,理论上挤出量越小,且 e 太大还会增加动力消耗,也有产生局部过热的危险,故 e 应尽可能小。但 e 太小,漏流量将增大,挤出量也因此会减小。理想的 e 的取值应在保证螺纹强度的前提下,对物料有较大的输送能力。

⑥ 压缩比(ε)

压缩比用 ε 表示,一般分两种,使用最多的叫几何压缩比,是指螺杆的螺纹部分中,进料段第一个螺槽的容积与计量段最后一个螺槽的容积之比;另外一种叫物理压缩比,是指塑料受热熔融后的密度和松散状态时的密度之比。设计螺杆时,采用的几何压缩比应当大于物理压缩比。在等距渐变型螺杆中,ε 可近似理解为进料段第一个螺槽的深度与计量段最后一个螺槽的深度的比值。

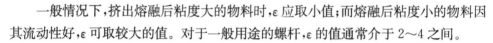

一般情况下,挤出熔融后粘度大的物料时,ε 应取小值;而熔融后粘度小的物料因其流动性好,ε 可取较大的值。对于一般用途的螺杆,ε 的值通常介于 2～4 之间。

⑦ 螺杆头部形状

螺杆的头部形状是指螺杆前端的结构形状,它对塑化熔料在机筒内停留时间有影响,当挤塑不同性能的原料时应选择不同结构形状的螺杆头部。螺杆头部常设计成钝尖锥形或半圆形,还可以是鱼雷状的,称为鱼雷头或平准头。

⑧ 导程(t)

导程是指沿螺旋线前进 360° 的径向距离,用 t 表示。导程也可指输送熔体体积的大小,与螺槽深度和宽度有关,且 t 越大,螺槽自由容积越大。t 的变化对挤出过程影响很大,应根据其不同挤出过程的具体要求选择大小合适的导程。

⑨ 螺杆轴向推力

螺杆在挤出物料时,其轴向推力取决于螺杆直径、螺杆端部(机头入口处)的熔体静压及沿螺杆轴线方向的附加动压(取决于螺杆构型)等方面。

⑩ 螺杆承受的扭矩

螺杆承受的扭矩是表征螺杆的承载能力和确保挤出机正常安全运转时螺杆所能承受的最大扭矩,单位一般用 N·m 表示。生产不同物料的制品时,对螺杆扭矩的要求有所差异,应根据具体情况合理选择。

(2)螺杆性能的评价及设计依据

① 螺杆性能的评价依据

(ⅰ)塑化效果:螺杆的主要作用是输送、压缩、塑化塑料原料,其对塑料的塑化效果直接决定了最终制品的质量,因而评价一根螺杆的好坏,其对塑料原料的塑化效果是一个需要重点考虑的因素。螺杆对塑料原料塑化效果的影响既取决于螺杆自身的结构,如螺槽深度、螺杆头部形状等,还和具体工艺条件有关。

(ⅱ)产量:在一定的螺杆转速范围内,挤出机的生产率与螺杆直径 D 的立方成正比,即

$$Q = \beta D^3 n$$

式中,β 为计算系数,取值范围在 0.003～0.007 之间;Q 为生产率,单位为 kg/h;D 为螺杆直径,单位为 mm;n 为螺杆转速,单位为 r/min。

选择确定螺杆直径时,主要应根据所加工制品的断面尺寸、加工塑料制品的规格大小、种类和所要求的生产率及加工能力合理选择。一般来说,挤出大截面的制品应选择使用大直径的螺杆,反之,挤出小截面的制品可选用小直径的螺杆,这样有利于确保制品的质量和产量。

（ⅲ）名义比功率单耗：是指每挤单位质量的塑料所需消耗的功率，即 P/Q，其中 P 为功率，Q 为产量。为了节省成本，在挤出成型过程中，在确保制品质量的前提下，单耗越少越好。

（ⅳ）适应性：是指对加工不同塑料、匹配不同机头和不同制品的适应能力。但一般而言，螺杆的适应性越强，往往塑化效率越低。

（ⅴ）制造难易：螺杆的制造难易既影响生产效率，同时也决定了其成本，因而评价一根螺杆的性能好坏，除了考虑其使用性能外，还应结合其制作难易程度进行评价。一根理想的螺杆，应该具有易制造、成本低的特点。

② 螺杆设计时应考虑的因素

（ⅰ）物料特性及加工时的几何形状、尺寸、温度状况：由于不同物料的物理特性不同，因此加工性能不同，对螺杆结构和几何参数有不同要求。

（ⅱ）口模的几何形状和机头阻力特性：螺杆形状要与它们相匹配。

（ⅲ）螺杆转速的范围：螺杆转速决定了物料对螺杆可能产生扭矩的大小范围，而螺杆在使用过程中可能产生的扭矩的大小决定了设计螺杆时应选用什么样的材质，采用何种制作工艺。

（ⅳ）挤出机功能与用途：如前文所述，根据其功能进行分类，挤出机可分为喂料型挤出机、混炼造粒型挤出机、成型用挤出机等；根据其用途进行分类，挤出机可分为橡胶用挤出机和塑料用挤出机等。不同功能和用途的挤出机，其所配的螺杆结构也可能彼此不同，因此必须根据实际使用功能和用途合理设计螺杆。

（3）造粒过程中常见的异常现象、原因及处理方法（见表 4）

表 4　造粒过程中常见的异常现象、原因及处理方法

异常现象	原因	处理方法
过细或过粗	切粒机转速和挤出速率不匹配	降低或提高切粒机转速
粒子长短不均匀	进料条在切粒机中位置不定	限定进料条的位置，防止其左右摆动
端面不平整	动刀与定刀之间间隙不均匀	调整动刀与定刀之间间隙，使其均匀一致
粒子扁平	压力过大	调整气压或弹簧压力
切不断拉条	料温过高	适当增加主机与切粒机之间距离，或增加风机，或加快水槽冷却水循环
经常断条	物料塑化不良或物料杂质太多	通过升温等办法提高塑化效果，或考虑更换物料

2.2 塑料管材挤出成型实验

2.2.1 实验目的

(1) 认识塑料管材挤出生产线的设备构成及各个设备组分的结构与作用。
(2) 掌握塑料管材挤出成型的工艺过程。
(3) 了解影响挤出成型塑料管材质量的因素。

2.2.2 实验原理

管材是塑料挤出成型的主要制品之一。粒状或粉状原料从料斗加入到挤出机的机筒后被塑化成熔体,熔体在螺杆旋转推动力的作用下不断向前运动,当通过机头与口模间的环形通道后被挤出成为管状物,经定径套定型,形成所需规格尺寸的管坯,然后再进入冷却水槽被冷却成管材,并由牵引机均匀拉出,至设计长度时切断即可。其基本工艺过程如图3所示:

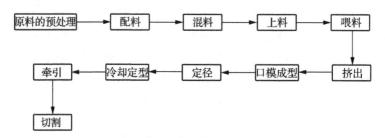

图3 塑料管材挤出成型工艺过程

管材分为软管和硬管两种,工艺过程基本相同,只是辅机部分略有差别:硬管在挤出至指定长度时切断,而软管却通常采用卷绕方式卷至一定长度后再切断。

定型是管材挤出成型的关键。根据需要,管材可以实现外径定型或内径定型,其中,外径定型是靠挤出管状物在定径套内通过,并在管状物内充压缩空气,使其表面与定径套内壁接触进行冷却来实现的,而内径定型则是采用冷却模芯来实现的。

挤出成型适用于众多塑料管材的生产,如PVC-U管、PVC波纹管、PP-R管、UHMWPE管、铝塑复合管等。本实验是硬聚氯乙烯(PVC-U)管材的挤出。

2.2.3 仪器与原料

(1) 仪器

本实验所需仪器有单螺杆挤出机、直通式管材机头口模(如图4所示)、外径定径装置、真空泵、喷淋水箱、牵引装置、切割装置、卡尺、秒表。

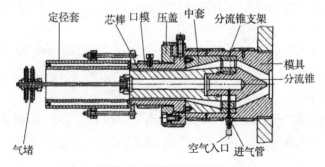

图 4　直通式成型管材模具结构示意图

（2）原料（配方）

表 5 中所示为指导性实验配方，学生也可自行设计配方。

表 5　塑料管材挤出成型实验配方

原料	用量（kg）
PVC 树脂（SG - 5）	100
轻质碳酸钙	8～15
有机锡 T - 175 稳定剂	1～3
钛白粉	1～2
钙锌复合稳定剂	1～2
硬脂酸钙	0.8～2
石蜡	0.5
颜料	适量

2.2.4　实验步骤

（1）开机前的准备

① 检查主机、辅机各部分是否能够正常工作，并检查排水是否打开，压缩空气压力是否正常。

② 检查所有操作开关是否灵敏，调速器是否为零，急停按钮是否归位。

③ 根据拟生产的管道尺寸选择机头组件和定型装置组件，依次安装好机头、定型套及冷却箱两端密封胶垫（安装机头时，口模和芯模要同芯，密封端面要压紧）。最后检查和调整挤管生产线各个机台，确保各装置中心位置对准。

（2）开机实验

① 按设计好的配方称取各原料,混合均匀后挤出制备 PVC 粒料,并控制塑料原料中水分含量小于 0.2%。

② 打开总电源开关及挤出机螺杆油泵和上水阀门,确定模具合适、喷头顺利无堵塞、托轮高度合适、真空胶能堵住真空装置、牵引机压力适中、切割机夹块进刀合适、扩口机正常等。

③ 接通挤出机加热电源开关,设定挤出机各段温度。其中,进料段温度为室温~70 ℃,压缩段温度为 130~170 ℃,计量段温度为 180 ℃左右,机头及口模段温度为 170~190 ℃。

④ 待挤出机各段温度升温至设定值后,再保温 30~60 min,使机筒和机头内外温度一致。

⑤ 启动螺杆,利用清机料在较低螺杆转速(0~5 r/min)下对挤出机进行清洗。

⑥ 挤出机清洗完成后,往料斗中加入 PVC 粒料进行挤管实验(在实验过程中应确保料斗中具有一定的料位)。开机挤管时,料筒、机头和口模温度应比正常操作温度高 10~20 ℃,且口模处温度应略低,以消除管材中的气泡,先慢速运转,当引管达到顺利状态后再逐渐增加螺杆转速到预定的要求。

⑦ 当机头中有物料挤出时,仔细观察所挤出物料的塑化状态和管坯壁厚的均匀度,并根据塑化程度调整加热温度。

⑧ 待熔体挤出口模后,用一根同种材料、相同尺寸的管材与挤出的管坯粘结在一起,经拉伸使管坯变细引入定径装置。

⑨ 将管材引入牵引装置后,及时检查和调整压缩空气的压力、流量和真空度,调整螺杆转速和牵引速度,使其达到正常生产状态。

⑩ 当挤出的 PVC 管已整条线通过真空水箱并被引上牵引机时,开大喷水量,同时开动牵引装置,将挤出的管材逐渐引入到牵引履带内。要注意调节牵引速度,使之比挤出速度稍快 1%~10%,从而使两者间达到最佳匹配。

⑪ 观察管材外观,测量检查外径和壁厚,必要时可对各工艺参数进行相应的调整,直至管材正常挤出。5 min 以后,利用切割机切取一段长度为 1 000 mm 的管材;间隔 5 min,再重复截取两段同样尺寸的管材。

⑫ 实验完毕,挤出机筒内残存物料,同时趁热清理机头和多孔板的残留物料。

（3）停机

① 准备好停机料,把有风机冷却段温度设为 130 ℃,其余各段为 150 ℃。

② 停止加料,将机筒中物料尽量挤净,同时停止加热,将主机螺杆转速缓慢降低到 10 r/min 以下,并逐渐降到 0。

③ 关闭冷却水进水阀及牵引机等辅助设备电源。

④ 拆卸机头,并用工具将其清理干净,同时做好机台及地面的卫生工作。

2.2.5　实验数据记录与处理

(1) 配方组成(见表 6)

表 6　实验配方组成

原料	用量(kg)
PVC 树脂(SG-5)	
轻质碳酸钙	
有机锡 T-175 稳定剂	
钛白粉	
钙锌复合稳定剂	
硬脂酸钙	
石蜡	
颜料	

(2) 螺杆形式(各区域温度见表 7)

表 7　各区域温度

位置	Ⅰ区(加料)	Ⅱ区	Ⅲ区	Ⅳ区(机头)
温度(℃)				

螺杆变频器频率:_____

主螺杆转速:_____

喂料转速:_____

熔体温度:_____

熔体压力:_____

切粒转速:_____

(3) 管材拉伸比(L)及管材壁厚偏差(δ)

测量所截取管材的外径和内径、同一截面的最大壁厚和最小壁厚,计算管材拉伸比(L)及管材壁厚偏差(δ)。

塑料管材拉伸比计算公式为

$$L = \frac{(D_2 - D_1)^2}{(d_2 - d_1)^2}$$

式中：L——塑料管材拉伸比；

　　　D_2——口模的内径，单位为 mm；

　　　D_1——管芯的外径，单位为 mm；

　　　d_2——塑料管外径，单位为 mm；

　　　d_1——塑料管内径，单位为 mm。

塑料管材壁厚偏差计算公式为

$$\delta = \frac{\delta_1 - \delta_2}{\delta_1} \times 100\%$$

式中：δ——塑料管材壁厚偏差；

　　　δ_1——管材同一截面的最大壁厚，单位为 mm；

　　　δ_2——管材同一截面的最小壁厚，单位为 mm。

2.2.6　注意事项

（1）开动挤出机时，应先手工盘动联轴器，若能顺利盘动，方可启动螺杆。开始时螺杆应低速旋转，然后再逐步加速。进料后应密切注意主机电流值，如果发现电流值突然增大，应立即停机检查原因。

（2）PVC 是热敏性塑料，若停机时间长，必须将料筒内的物料全部挤出，以免物料在高温下停留时间过长发生热降解。

（3）清理机头口模时只能使用铜刀或压缩空气，多孔板可采用火烧方法进行清理。

（4）本实验辅机较多，实验时可数人合作操作。操作时要注意分工明确，配合协调。

（5）当发生较长时间的停电时须即时切断电源，切断模头物料，按模具拆装步骤进行拆模处理，并关闭阀门；如果停电时间较短，可按正常开机步骤处理。

2.2.7　思考题

（1）挤出 PVC 塑料管材的主要原料包括哪些组分？每种组分在其中起什么作用？

（2）挤出成型 PVC 管材时，如何确保产品质量？

（3）挤出管材的牵引装置有哪些类型？它们是如何工作的？

（4）PVC 管材的定径方法有哪些？如何定径？

（5）直通式成型管材模具结构主要包括哪几部分？

2.2.8 预习要求

(1) 巩固掌握挤出机的基本结构及工作原理。

(2) 了解塑料管材挤出生产线的基本构成及各部分的作用。

(3) 了解挤出硬质 PVC 管的基本配方组成。

(4) 了解塑料管材挤出成型工艺过程。

2.2.9 附注

(1) 设计挤出模具时的注意事项

① 选材要合理:应选用耐腐蚀、耐摩擦、抗拉强度好、硬度较高的材料。

② 规格要适当:模具的截面尺寸应由挤出设备的经济产量确定。

③ 断面形状要正确:由于塑料的性能、压力、密度、收缩率等因素,机头的口模成型断面形状与制品真实断面形状是有差别的,设计时要考虑这一因素。

④ 模具尺寸要准确:模具尺寸应与定型台匹配,加热片不应影响模具安装调整。

⑤ 内腔要光滑:为使物料能沿机头流道均匀地挤出,避免物料因停滞而发生过热分解,决不能在机头中出现流道急剧缩小,更不能有死角和停滞区,应尽量使流道光滑。

⑥ 机头结构要紧凑且便于拆装:模具上应有相应的温度插孔、压力插孔,并且位置应适宜。

(2) 挤出管材常出现的不正常现象、产生原因及解决方法(见表 8)

表 8　挤出管材常出现的不正常现象、产生原因及解决方法

不正常现象	产生原因	解决方法
表面变色	① 物料稳定性较差,发生分解; ② 仪表控温不准导致温度过高而引起物料分解	① 更换物料或改变物料配方,提高其稳定性; ② 对温控仪表进行校验
外表面无光泽	① 口模温度低; ② 冷却水量太大; ③ 搅拌速率过大导致熔体破裂; ④ 塑化不良	① 提高口模温度; ② 调节冷却水; ③ 提高料温或降低牵引速率; ④ 提高塑化温度或增加助剂的使用量

不正常现象	产生原因	解决方法
外表面有鱼眼（呈光亮透明状）	① 机头温度过高； ② 冷却不足	① 降低机头温度； ② 调节冷却水
表面有条纹或色点	① 模具或分流梭存在死角导致物料长时间滞留； ② 混料不均或原料中有杂质引起局部分解	① 对死角进行清理，必要时改变模具或分流梭的结构； ② 改变混料工艺，提高原料均匀性，或更换原料
壁厚不均匀	① 口模、芯模中心没对正； ② 机头四周温度不均，出料快慢不均； ③ 牵引速度不均匀	① 使口模、芯模同心； ② 检查加热圈，检查螺杆有无脉动现象； ③ 检查牵引装置
管材弯曲	① 机身、定径槽及牵引装置不在一条轴线上； ② 机头四周温度不均，出料快慢不均； ③ 牵引速度不均匀； ④ 压缩空气不稳定	① 调整机身、定径槽及牵引装置至同一轴线； ② 检查加热圈及螺杆速度； ③ 检查牵引装置； ④ 检查调节压缩空气流量
内壁毛糙	① 芯模温度偏低； ② 机筒温度偏低导致塑化不良； ③ 螺杆温度偏高	① 提高芯模温度； ② 提高机身温度； ③ 螺杆通冷却水
内壁有气泡、凹坑	① 物料受潮； ② 机筒二段后真空排气孔处真空度过低或管路堵塞； ③ 机头温度过高导致熔体分解	① 对物料进行干燥； ② 检查真空泵的工作状况以及管路中有无堵塞； ③ 降低机头温度
断面有气泡	① 排气孔真空度低或管路堵塞； ② 机筒或模头温度偏高； ③ 混配料热稳定性差； ④ 原料质量差； ⑤ 加工温度偏低	① 检查真空泵及其管路； ② 降低机筒或模头温度； ③ 修改配方； ④ 更换原料； ⑤ 提高加工温度
管被拉断	① 冷却水过大； ② 压缩空气过大； ③ 牵引速度过高	① 调小冷却水； ② 调节压缩空气流量； ③ 调低牵引速度

不正常现象	产生原因	解决方法
管材横向有规律性凸起	① 机头设计不合理; ② 冷却水过大	① 重新设计机头; ② 调小冷却水
表面有皱纹	① 牵引速度偏低; ② 物料中混有杂质	① 提高牵引速度; ② 更换物料

2.3　塑料注塑成型实验

2.3.1　实验目的

（1）了解热塑性塑料注塑成型的基本原理。

（2）了解柱塞式注塑机和螺杆式注塑机结构上的区别,熟悉螺杆式注塑机各部件的功能。

（3）熟悉注塑成型的工艺过程及其操作方法。

（4）了解注塑成型的工艺参数对塑料制品性能和质量的影响。

2.3.2　实验原理

注射成型是塑料成型加工中一种重要的方法,应用十分广泛,除极少数几种热塑性塑料外,几乎所有的热塑性塑料及多种热固性塑料都可用此法成型。热塑性塑料的注射成型又称为注塑成型,它兼具注射和模塑的双重特性,通过注塑成型可得到各种形状并满足各种要求的模制品。注塑成型制品约占塑料制品总量的20%~30%。

通用的注塑方法是将聚合物组分的粒料或粉料加入到注塑机的料筒内,经过加热、压缩、剪切、混合和输送作用使物料得到均化和熔融,然后在注射机柱塞或移动螺杆的快速、高压、连续地推动下,以很大的流速通过料筒前面的喷嘴和模具的浇道系统将熔体注射到预先闭合好的低温模腔中,而充满型腔的熔体在受压情况下经过一段时间的冷却定型后,开模,将得到具有和型腔相同几何形状和尺寸精度的塑料制品。

注塑成型的一个模塑周期从几秒钟至几分钟不等,时间的长短取决于产品的大小、形状、厚度、注塑机的类型及所采用的塑料品种和工艺条件等因素。注塑成型的成型周期短,能一次成型外形复杂、尺寸精确、带有金属或非金属嵌件的塑料模制品,并具有对成型各种塑料的适应性强、生产效率高、易于实现自动化生产等优点。

注塑成型所用的设备叫注塑机。按外形特征分类,注塑机可分为卧式注塑机、立式注塑机、角式注塑机(L 型)、多模注塑机等;按塑化方式分类,注塑机可分为柱塞式和螺杆式两种。柱塞式注塑机发展最早且应用广泛,制造及操作工艺都比较简单。其是通过电阻加热器提供热量,主要依靠传导和对流作用对物料进行熔融塑化,再通过柱塞在料筒内的往复运动将熔融的物料向前端输送,并通过分流梭经喷嘴注射进模具。柱塞式注塑机不适合用来成型流动性差、热稳定性不高、注射量过大的塑料制品,这是因为塑料的导热性较差,塑化又主要依靠电阻加热提供热量,料筒里的物料内外层塑化往往不太均匀。螺杆式注塑机与柱塞式注塑机的主要区别在于料筒内以螺杆代替了柱塞,柱塞在料筒内只能做平推运动,而螺杆在料筒内既可旋转也可前后移动,旋转的螺杆不仅起到输送物料、传递压力的作用,而且具有较大的剪切力,物料在料筒内得到很好的塑化。所以,螺杆式注塑机较柱塞式注塑机的性能有很大的提升,目前螺杆式注塑机产量最大,应用范围也最广。

在结构上,注塑机主要由注射系统、锁模系统、模具三部分组成。其中,注射系统是注塑机最核心的部分,其作用是在规定的时间内将一定数量的物料加热塑化后,在一定的压力和速度下通过螺杆或柱塞将熔融物料注入模具型腔中。注射系统由塑化装置和动力传递装置组成,其中,塑化装置主要由加料装置、料筒、螺杆(或柱塞及分流梭)、喷嘴组成;动力传递装置则包括注射油缸、注射座移动油缸以及螺杆驱动装置(熔胶马达)。锁模系统的主要作用是安装模具、启闭并夹紧模具、制品脱模等,并在该装置内完成注射、保压、冷却定型以及顶出制品等工艺步骤。常见的锁模装置有三种类型,分别是机械式、液压式和液压-机械组合式。注塑模具是聚合物在注射成型过程中不可缺少的重要部件,其作用在于利用本身的特定形状,赋予聚合物形状和尺寸,给予强度和性能,使其成为有用的制品。由于塑料配方、制品的形状和结构、注塑机的类型等不同,模具的设计可谓千变万化,但其基本结构是相同的。通常情况下,注塑模具由定模和动模两部分组成,定模安装在注塑机的定模板上,动模安装在注塑机的动模板上,动模和定模闭合后构成浇注系统和型腔。注塑完成后,分开动模和定模即可取出塑料制品。模具的基本结构包括:

① 标准模架:为了减少繁重的模具设计与制造工作量,注塑模具通常采用了标准模架结构,包括定位圈、定模座板、定模板、动模板、动模垫板、动模底座、推出固定板、推板、推杆、导柱等,这些都属于标准模架中的零部件,都可以从相关厂家订购。

② 成型部件:由型芯和凹模组成,其中型芯形成制品的内表面形状,凹模形成制品的外表面形状。模具闭合后型芯和凹模构成了模具的型腔。根据工艺和制造的不同要求,有时型芯或凹模由若干拼块组成,有时做成整体,仅在易损坏、难加工的部位采用镶件。

③ 浇注系统:又叫做流道系统,它是将熔融物料由注塑机喷嘴引向型腔的一组进料通道,通常由主流道、分流道、浇口和冷料穴组成。浇注系统设计的好坏直接关系到塑料制品的成型质量和生产效率。

④ 导向机构:包括四根导向柱及对应的导向孔,有时还在动模和定模上分别设置互相吻合的内、外锥面来辅助定位。导向柱所在的动模安装在动模板上,导向孔所在的定模安装在定模板上,确保合模时导向柱对准导向孔,定模和动模能准确对中闭合。

⑤ 脱模机构:也即顶出机构,其作用就是将型腔中的成型制件及流道内的凝料推出或拉出。顶出机构由推杆、推出固定板、推板及主流道的拉料杆组成,其中推出固定板和推板用以夹持推杆。在推板中一般还固定有复位杆,用来在动模和定模合模时使推出机构复位。

⑥ 调温系统:为了满足注射工艺对模具温度的要求,用于对模具的温度进行调节。对于热塑性塑料用注塑模,主要是设计冷却系统使模具冷却。模具冷却的常用办法是在模具内开设冷却水通道,利用循环流动的冷却水带走模具的热量;而模具的加热除可利用冷却水通道通热水或蒸汽外,还可在模具内部和周围安装电加热元件。

⑦ 排气槽:当塑料熔体注入模具型腔时,在熔体中常常夹带有气体,若不及时排出,会造成制品上出现气孔、表面凹痕等瑕疵,甚至会引起制品局部烧焦、颜色变暗。通常的做法是在分型面处开设排气沟槽,用以将成型过程中的气体充分排除。对于一些小型塑件,由于排气量不大,可直接利用分型面之间的微小间隙排气,而不必专门开设排气沟槽。而有些模具的推杆或型芯与模具的配合间隙也可用来起排气作用,这样就不必另外开设排气沟槽。

⑧ 侧向抽芯机构:当塑料制品的侧面带有孔或凹槽(伏陷物)时,通常在模具中都需设置侧向分型(瓣合模)或侧向抽芯机构(可动式侧型芯)。常用的抽芯机构有斜导柱分型抽芯、弹簧分型抽芯、弯销分型抽芯、齿轮齿条抽芯等,且抽芯可借助于手动、机动、液动或气动等方式来实现。对于极少数塑料制品的伏陷物深度很浅或塑料质地较软,也可进行强制脱模,而不设置侧向抽芯机构。

2.3.3 仪器与原料

（1）仪器

本实验所用仪器有 CWI－90BV 注塑机（上海纪威机械工业有限公司生产，基本结构如图 5 所示）、成型模具、鼓风干燥箱。

（2）原料

本实验所用原料为 PE、PP、PS 等热塑性塑料颗粒。

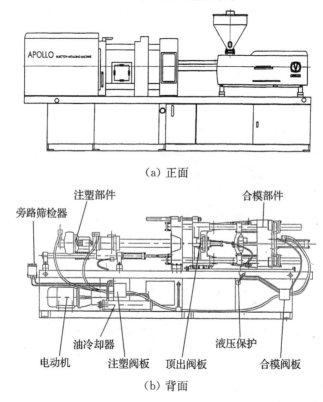

（a）正面

（b）背面

图 5　CWI－90BV 注塑机基本结构

2.3.4 实验步骤

（1）准备工作

① 原料准备：将塑料原料放入 80 ℃的鼓风干燥箱中进行干燥，直至其含水率低于 0.1%。

② 模具的安装和调试：切断电源，将模具前后部分夹紧并固定在头板上，然后关闭安全门；开机，选择手动操作，按下"粗调模"键，使机器处于粗调模状态，这时

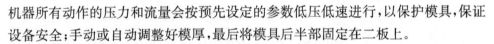

机器所有动作的压力和流量会按预先设定的参数低压低速进行,以保护模具,保证设备安全;手动或自动调整好模厚,最后将模具后半部固定在二板上。

（2）注塑操作

① 手动注塑

（ⅰ）关闭安全门,长按"闭模"键直到动模向前移动终止,闭合模具。

（ⅱ）点击"手动"按钮,设定熔胶筒各段温度;温度设定完毕后启动"电热"按钮,调试好对应注塑材料的每一段的温度。此时熔胶筒开始加热,控制面板主界面将显示加热后熔胶筒各段的实际温度值。

（ⅲ）当提示熔胶筒每一段的温度均达到设定值以后启动"马达"按钮,检查是否有余料以及喷嘴口是否干净后开始进行实验。

（ⅳ）将要注塑的粒料从右端的料斗口倒入,按控制面板上的"加料"键设置进料螺杆的长度以控制进料量,再点击"加料"开始自动加料,当螺杆到达指定位置时会自动停止。

（ⅴ）长按"座进"键,机筒随着机座朝向注射孔方向移动,直至机筒上的喷嘴和注射孔紧密贴合为止。

（ⅵ）长按"射出"键,直至螺杆位置变为零。此过程中,机筒内的熔体将依次通过注射孔、主流道、分流道、浇口进入模具的型腔中,直至型腔被密实充满。

（ⅶ）长按"座退"键将注座退出,喷嘴与注射孔分离。

（ⅷ）保持模具在闭合状态下保压 3～5 s（具体时长视注塑件而定）。

（ⅸ）长按"开模"键,模具打开,动模板带着动模退至设定位置。

（ⅹ）多次点击"托进"按钮,将注塑好的制件从模具中顶出。在顶出过程中,若有样品卡在模具上没有脱落,可打开安全门,手工取出制件。

② 半自动注塑:将注塑机设定为半自动操作进行注塑实验,得到产品。

③ 全自动注塑:将注塑机设定为全自动操作进行注塑实验,得到产品。

（3）停机

① 关掉机斗底部的进料闸,停止向机筒内加料,并继续射胶直至胶料全部射完;

② 最后一次注塑结束后点击"手动"按钮,机器进入手动状态;

③ 按"马达"键,关停油泵电机;

④ 关闭设在机器电箱门上的总电源自动开关。

2.3.5　实验数据记录与处理

（1）注塑机规格

注塑机生产厂家:＿＿＿＿＿＿＿＿＿＿＿＿＿＿＿＿＿＿＿＿＿＿＿＿＿＿＿＿

注塑机锁模力：_____

注塑机最大注射量：_____

（2）实验数据（见表 9～表 14）

表 9　螺杆温度

位置	Ⅰ段(加料)	Ⅱ段	Ⅲ段	Ⅳ段	Ⅴ段
温度(℃)					

表 10　关模流程工艺参数

参数〔关模〕	位置	压力	速度
关模快速			
关模慢速			
关模低压			
关模高压			

表 11　开模流程工艺参数

参数〔开模〕	位置	压力	速度
开模快速			
开模慢速			
开模低压			
开模高压			

表 12　加料流程工艺参数

参数〔加料〕	位置	压力	速度
加料一段			
加料二段			
加料三段			
加料完成			

表 13　注射流程工艺参数

参数〔注射〕	位置	压力	速度
射出一段			
射出二段			
射出三段			
射出四段			
保压点			

表 14　保压流程工艺参数

参数 保压	压力	速度	时间
保压一段			
保压二段			
保压三段			
保压四段			

（3）样条外观质量（见表 15）

表 15　样条外观质量评判与原因分析

外观质量	评判	质量问题的原因分析
颜色是否均匀		
有无气泡		
有无飞边		
有无翘曲变形		
有无划伤		
有无缺胶		
有无起皮		
有无顶白		
有无熔接缝		

（4）成型收缩率

测量注塑模具型腔的单向长度 L_0 以及注塑样品在室温下放置 24 h 后的单向长度 L_1，按下式计算样品的成型收缩率：

$$收缩率 = \frac{L_0 - L_1}{L_0} \times 100\% = \underline{\qquad}$$

（5）保压时间和冷却时间

保压时间：_____；冷却时间：_____。

2.3.6　注意事项

（1）切勿使金属或其他硬件渗入料筒，不得将金属工具接触模具型腔。

（2）喷嘴阻塞时应取下清理，切忌用增加注塑压力的方法清除阻塞物。

（3）在料筒温度没达到规定要求时不得进行预塑或注塑操作。

（4）实验过程中切勿使身体的任何部位或任何物品处于机器活动的部件上或活动的部件间,严禁人体触动有关电器。

（5）在安装模具时请注意以下几点:

① 模具注塑孔必须与射嘴孔同心。

② 模具注塑孔必须大于射嘴孔。

③ 模具注塑孔圆弧必须大于或等于射嘴圆弧并贴合良好。

④ 动模、定模的模具方位应保持整体一致,不能有错位。

⑤ 安装模具的螺栓、压板、垫铁应适用、牢固,紧固模具的螺钉旋入模板内须有足够的深度,一般不小于螺钉直径的 1.5 倍。

⑥ 根据模具所需要的工艺参数选择适当的资料录入电脑,进行调试生产。调试步骤应循序渐进,即压力速度应由低到高逐步增加,操作方式应先手动再半自动,得出满意的产品后便可以进行自动生产。

2.3.7　思考题

（1）注塑成型的基本原理是什么? 该工艺可否用于热固性塑料的成型?

（2）注塑机由哪几部分组成? 一台注塑机的关键技术指标包括哪些?

（3）在选择料筒温度、注射速度、保压压力及冷却时间时应分别考虑哪些因素?

（4）哪些因素会影响注塑成型制品的质量? 如何克服?

（5）操作注塑机时应注意哪些安全问题?

（6）注塑成型厚壁制品容易出现哪些质量问题? 如何从工艺上予以改善?

（7）阐述注塑成型制品产生收缩的原因及影响制品收缩率的因素。

2.3.8　预习要求

（1）了解实验所用卧式注塑机的基本结构,列出该注塑机的主要技术参数。

（2）列出实验所用的原料及助剂,熟悉所用原料的物理特性及注塑成型工艺参数。

（3）了解实验过程中的注意事项,分析实验过程中可能存在的安全隐患。

（4）掌握注塑成型工作原理,了解影响注塑成型制品质量的因素及解决方法。

（5）了解注塑成型制品的应用范围。

2.3.9　附注

（1）注塑机检查调整

在使用注塑机前要进行例行检查,其流程如图 6 所示。

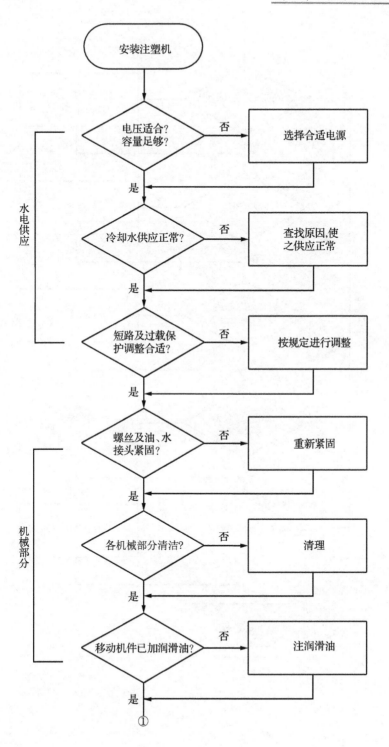

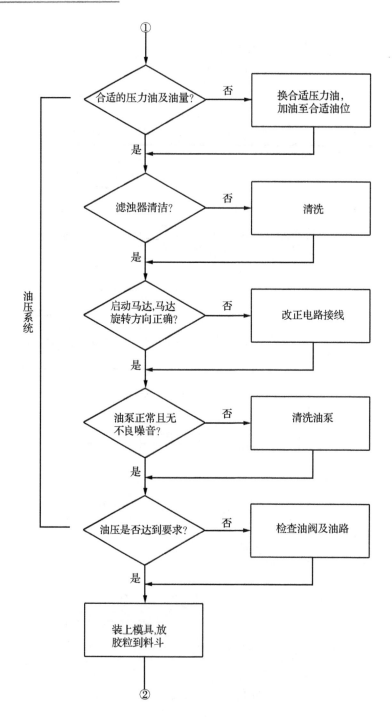

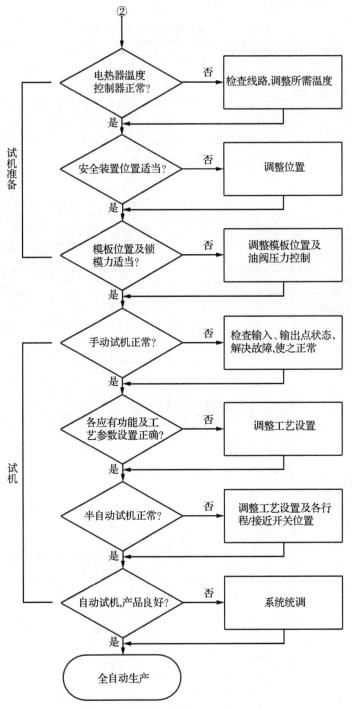

图 6　机器使用前的例行检查流程

（2）一些常用塑料的注塑性能参数（见表 16）

表 16　一些常用塑料的注塑性能参数

参数\名称	密度（g·cm⁻³）	熔点(℃)	注射压力（MPa）	机筒温度(℃)	喷嘴温度(℃)	收缩率(%)
低密度聚乙烯（LDPE）	0.92	108～115	60～100	140～200	150～170	1.5～5
高密度聚乙烯（HDPE）	0.95	130～137	70～140	180～220	180～210	2～5
超高密度聚乙烯（UHMPE）	0.94	130	70～140	180～215	180～215	2～5
聚丙烯(PP)	0.91	165～170	70～120	200～280	190～250	1.0～2.5
硬质聚氯乙烯（RPVC）	1.30～1.58	—	90～280	170～190	160～180	0.1～0.5
聚苯乙烯(PS)	1.07	100	60～150	180～260	170～205	0.6～0.8
丙烯腈-丁二烯-苯乙烯共聚物（ABS）	1.05	110	60～150	160～230	180～220	0.6
聚甲基丙烯酸甲脂(PMMA)	1.18	—	70～150	160～230	220～240	0.5～0.7
聚甲醛(POM)	1.41～1.43	165～175	40～130	170～200	170～180	1.2～3.0
聚碳酸酯(PC)	1.18～1.20	—	80～155	230～320	250～305	0.8
聚酰胺6(尼龙6)(PA6)	1.13	252	70～120	210～260	210～260	0.8～2.5
聚酰胺610(尼龙610)(PA610)	1.07	220	60～100	225～285	220～260	1.2～1.8
聚对苯二甲酸乙二醇酯(PET)	—	255～265	40～100	260～270	260～280	1.8
聚对苯二甲酸丁二醇酯(PBT)	1.31～1.55	225	40～100	240～260	220～255	1.5～2.3
聚苯醚(PPO)	1.07	—	80～140	280～340	310～320	0.3～0.8
丙烯酸-苯乙烯-丙烯腈共聚物（ASA）	1.05	—	—	170～230	—	0.4～0.7

2.4　聚氨酯硬泡塑料的制备实验

2.4.1　实验目的

（1）了解聚氨酯硬泡塑料的基本配方组成及各组分在其中的作用。

（2）掌握聚氨酯硬泡塑料的基本特点、发泡原理及其发泡工艺过程。

（3）掌握聚氨酯硬泡塑料压缩试件的制备方法及其压缩实验的基本操作。

2.4.2　实验原理

由大量微细孔及聚氨酯树脂孔壁经络组成的多孔性聚氨酯材料称为聚氨酯泡沫塑料。根据其软硬程度,聚氨酯泡沫塑料可分为聚氨酯硬泡塑料、聚氨酯软泡塑料及介于两者之间的半硬质聚氨酯泡沫塑料三种。

聚氨酯硬泡塑料简称聚氨酯硬泡,是由硬泡组合聚醚（又称为白料）与聚合 MDI（又称为黑料）反应制备的,大多在室温下成型,且成型工艺相对简单,可手工发泡成型,也可借助喷枪进行机械发泡成型。

制备聚氨酯硬泡塑料的组合聚醚（白料）主要包括以下组分：

（1）聚醚（聚酯）多元醇

多元醇的结构和分子量大小将影响聚氨酯的交联度、刚度和硬度。用于聚氨酯硬泡的多元醇一般要求其官能度为 3～8,羟值为 100～600 mg KOH/g,相对分子质量为 300～1200。多元醇官能度越大,羟值越大,它与—NCO 基团反应生成物的交联度越高,其泡沫的刚度和硬度越大,物理机械性能和耐高温性能越好。

（2）催化剂

催化剂是用来调整异氰酸酯与水、异氰酸酯与羟基间的反应速度与扩链速度平衡的。催化剂主要分叔胺类和有机锡类两大类,叔胺类化合物的主要作用是促进交联反应,即—NCO 与 H_2O 之间的反应;有机锡类的主要作用是促进—OH 与—NCO 的反应,增强生成氨基甲酸酯键的能力。

（3）泡沫稳定剂

在发泡过程中,泡沫稳定剂能降低各原料组分间的表面张力,增加各原料组分的互溶性,使泡孔细而均匀。聚醚型硬质泡沫一般用有机硅作为泡沫稳定剂。

（4）发泡剂

常用的发泡剂有一氟三氯甲烷（氟利昂-11）、三氟三氯乙烷（氟利昂-113）、二氟二氯甲烷（氟利昂-12）和二氯甲烷等。它们都是低沸点化合物,吸收化学反应释放的热量汽化后充满泡沫微孔,其发泡过程中不消耗—NCO,有利于降低成本,且闭孔率高,强度和韧性好,合成的硬泡导热系数低。但是氟利昂破坏大气臭氧层,已被限期淘汰。现在合成聚氨酯一般选择正戊烷(C_5H_{12})或者水作为发泡剂,其发泡效果比较理想,并且对环境污染程度小。

(5) 表面活性剂

聚硅氧烷聚醚是硬泡常用的表面活性剂。在聚氨酯泡沫塑料形成的过程中,表面活性剂的主要作用包括:① 乳化剂的作用,使各组分混合均匀,确保泡沫形成的各种反应均衡进行;② 成核作用,使气泡在较低的气体浓度下形成;③ 降低发泡体系的表面张力,以利于气泡的稳定和均匀,从而使硬质泡沫形成细小而均匀的闭孔泡沫结构。

(6) 阻燃剂

阻燃剂主要有磷酸酯类、分散性氧化锑、氯化石蜡等。若泡沫上覆盖有保护层,发泡时可少加或不加阻燃剂,因为阻燃剂的加入会影响聚氨酯泡沫的物理机械性能。

在聚氨酯泡沫塑料的形成过程中,主要包括以下几种反应:

(1) 异氰酸酯和羟基反应

多异氰酸酯和多羟基聚醚(聚酯或其他多元醇)反应生成含异氰酸酯端基的聚氨酯预聚体:

$$OCN—R—NCO + HO \diagdown\!\!\diagup OH$$

$$\longrightarrow OCN—R—NH—\overset{\overset{\displaystyle O}{\|}}{C}—O \diagdown\!\!\diagup O—\overset{\overset{\displaystyle O}{\|}}{C}—NH—R—NCO$$

(2) 异氰酸酯端基和水反应

在预聚体中加入适量的水,带有异氰酸酯基团的化合物与水反应,先形成不稳定的氨基甲酸,然后分解成端氨基和二氧化碳,放出的二氧化碳气体在聚合物中形成气泡:

$$—NCO + H_2O \longrightarrow —NH—\overset{\overset{\displaystyle O}{\|}}{C}—OH \longrightarrow —NH_2 + CO_2$$

端氨基进一步和聚氨酯预聚体中的异氰酸酯基团发生扩链反应生成含有脲基的聚合物:

$$—NCO + —NH_2 \longrightarrow —NH—\overset{\overset{\displaystyle O}{\|}}{C}—NH—$$

$$\text{(取代脲)}$$

　　上述第(1)和第(2)两项反应都属于链增长反应,后者还生成二氧化碳,因而既可以看成是链增长反应,又可视作发泡反应。通常在无催化剂存在下,上述异氰酸酯和氨基反应速率是很快的,所以在反应中不但使过量的水和异氰酸酯反应,而且还能得到高收率的取代脲,并且很少有过量的游离氨存在。这样,可以把上述反应直接看作是异氰酸酯和水反应生成取代脲。

　　(3) 脲基甲酸酯反应

　　氨基甲酸酯基团中氮原子上的氢与异氰酸酯反应,形成脲基甲酸酯:

$$—NCO+—NH—\overset{\overset{\displaystyle O}{\|}}{C}—O— \longrightarrow —N—\overset{\overset{\displaystyle O}{\|}}{C}—O—$$

(脲基甲酸酯)

　　(4) 缩二脲反应

　　脲基中氮原子上的氢与异氰酸酯反应形成缩二脲:

$$—NCO+—NH—\overset{\overset{\displaystyle O}{\|}}{C}—NH— \longrightarrow —N—\overset{\overset{\displaystyle O}{\|}}{C}—NH—$$

(缩二脲)

　　上述第(3)和第(4)两项反应均属于交联反应,一般来说反应速率较慢,在没有催化剂存在下,需在 110～130 ℃下反应,在较高温度下则反应速率较快。由于脲基甲酸酯链节不太稳定,在较高温度下又能和过量的氨基反应生成脲基和氨基甲酸酯:

$$—N—\overset{\overset{\displaystyle O}{\|}}{C}—O—+—NH_2 \longrightarrow —NH—\overset{\overset{\displaystyle O}{\|}}{C}—NH— \quad+\quad —NH—\overset{\overset{\displaystyle O}{\|}}{C}—O—$$

　　　　　　　　　　　　　　　　　　　　　　(脲基)　　　　　　(氨基甲酸酯)

综合上述四种反应,概括起来有下列三种类型,即链增长反应、气体发生反应和交联反应。

在聚氨酯泡沫制造过程中,这些反应都是以较快的速度同时进行着,在催化剂存在下,有的反应甚至在几分钟内即能大部分完成,最后形成高分子量和具有一定交联度的聚氨酯泡沫体。泡沫在发泡过程中一般会经历升起、乳白、脱粘等不同阶段,其中,从泡沫各组分混合起至泡沫完全升起的时间称之为泡沫升起时间;泡沫升起后,颜色由起初的黄色转变成白色的时间称之为乳白时间;自物料混合至泡沫不再粘手的时间称之为脱粘时间。脱粘时说明泡沫已凝胶。

聚氨酯泡沫塑料的软硬取决于所用的聚酯或聚醚种类。使用较高相对分子质量及相应较低羟值的线型聚醚或聚酯时,得到的产物交联度较低,为软质泡沫塑料;若用短链或支链的多羟基聚醚或聚酯,则所得聚氨酯交联密度高,为硬质泡沫塑料。

聚氨酯硬泡塑料具有以下性能特点:

(1) 优良的隔热保温性能

聚氨酯硬泡塑料在成型过程中将形成大量的均匀致密的封闭孔,孔中充满了气体,从而使其导热系数仅为 $0.017 \sim 0.022$ W/(m·K),低于岩棉、玻璃棉、聚苯板、挤塑板等建筑保温隔热材料。

(2) 独特的抗水渗透性能

聚氨酯硬泡塑料中的气泡为闭孔,且闭孔率大于 92%,自结皮闭孔率甚至可达 100%,吸水率极低,具有一定的弹性、伸长率和很强的粘接性,能在混凝土、砖石、木材、钢材、沥青、橡胶等表面牢固粘结。在施工中可采用直接喷涂或浇铸成型技术,所得泡沫与基材之间没有拼接缝,保温层与基层能形成一个整体,既不会脱层开裂,也不会由于基层产生一定的变形、裂纹造成泡沫体破裂。

(3) 较高的机械强度和抗老化性、耐用性

因聚氨酯硬泡塑料材质自身物理强度较高,且具有均匀致密的闭孔结构,所以泡沫体具有较高的机械强度,其抗压强度相当于水泥蛭石;同时,聚氨酯硬泡塑料具有很好的稳定性,在长期使用中不会发生体积变形和强度变形。因此,聚氨酯硬泡塑料完全可以直接承受坡屋面彩瓦及上人检修的荷载。

(4) 尺寸稳定

聚氨酯硬泡塑料的尺寸稳定性小于 1%,且具有一定的弹性变形能力,延伸率大于 5%。

(5) 化学性能稳定

聚氨酯是惰性材料,与酸和碱都不发生反应,且不是虫类以及啮齿类动物的食

物源,可保持材料性质及保温性能恒定。

聚氨酯硬泡塑料的应用范围较广,主要有如下几个方面:

① 冷冻冷藏行业:可用作冰箱、冰柜、冷库、冷藏车等的绝热保温材料;

② 工业设备保温:比如管道保温、储罐保温等;

③ 建筑行业:制作的保温板可用作建筑外墙保温层等;

④ 制作仿木材制品:因其强度比天然木材高,密度可比天然木材低,可替代木材制作各类仿木材制品;

⑤ 交通运输行业:如汽车顶棚、内饰件等。

本实验是参照塑料压缩性能的测定标准方法(GB/T 1041—2008)对试样施加静态压缩负荷,以测定聚氨酯硬泡塑料的压缩强度。具体指标如下:

① 压缩应力:压缩过程中加在试样上的压缩负荷除以试样原始截面积所得值,单位为 MPa;

② 压缩应变:压缩过程中试样在纵向产生的单位原始高度变化的百分率;

③ 破坏压缩应力:试样在破坏时所承受的压缩应力,单位为 MPa;

④ 压缩屈服应力:压缩过程中指针停留较长时间的负荷值除以原始面积所得值,在应力应变曲线上则为形变增加而负荷不再增加的那点所对应的压缩应力,单位为 MPa;

⑤ 压缩强度:试样在压缩过程中单位原始截面积上所承受的最大压力,单位为 MPa;

⑥ 定应变压缩应力:是指达到规定应变(10%)时试样原始截面积上所承受的压缩应力,适用于韧性较大,在压缩过程中既不破坏,又没有明显屈服点的材料的测定。

2.4.3 仪器与原料

(1) 仪器

本实验主要仪器为深圳新三思材料检测有限公司生产的电子万能试验机(MT4204),其他所需仪器如下:① 金属模具,1 台;② 手工锯,1 把;③ 直尺,1 根;④ 烘箱,1 台;⑤ 电子天平(精度0.1 mg),1 台;⑥ 电子天平(精度 0.1 g),1 台;⑦ 烧杯,1 只;⑧ 纸盒,若干只;⑨ 电动搅拌机,1 台;⑩ 秒表,1 块。

(2) 原料

本实验所用原料如下:多苯基多亚甲基多异氰酸酯(PAPI)(—NCO 含量＞30%),工业级;聚醚多元醇(羟值为 200～400 mgKOH/g),工业级;硅油(化学纯);三乙醇胺(分析纯)。

2.4.4 实验步骤

（1）样品制备

① 聚氨酯硬泡塑料制备

（ⅰ）按照设计配方分别称取聚醚多元醇、硅油、三乙醇胺及水（按质量份数计，根据密度不同，水和 PAPI 作相应调整。其中，聚醚为 100 份，PAPI 为 160～180 份，水为 0.5～2 份，三乙醇胺为 0.7～1.5 份，硅油为 1～4 份），加入到烧杯中，用电动搅拌机将各组分搅拌混合均匀，得到组合聚醚（白料）。

（ⅱ）将组合聚醚、PAPI 依次快速倒入纸盒中搅拌均匀，开动秒表计时，分别记录泡沫升起时间、乳白时间、脱粘时间。

② 压缩试样制备

（ⅰ）将上述泡沫制品放置在 100 ℃烘箱中熟化（约 1 h），待固化定型后取出，再冷却至室温，使用手工锯加工样品。压缩试样可为正方体、矩形柱体或圆柱体，试样各处高度相差不大于 0.1 mm，两端面与主轴必须垂直。

（ⅱ）试样的外观检查：所制备的试样表面应泡孔均匀，无烧芯，否则应重新取样。

（ⅲ）每组试样不少于 5 个。

（ⅳ）压缩试验的条件：一是试验速度（空载）为（5±2）mm/min；二是定压缩应变为 10%。

（2）密度的测定

① 取加工好的试样样块，用游标卡尺分别测量其长（L）、宽（W）、高（H）尺寸，单位为 cm（精确到 0.01 cm）。

② 利用电子天平称量样块质量（m），单位为 g（精确到 0.1 g）。

③ 平行测试 5 个样块。

（3）压缩强度测试

① 取加工好的试样样块，用游标卡尺分别测量其长（L）、宽（W）的尺寸，单位为 cm（精确到 0.01 cm），要求各测三次取平均值。

② 接通电子万能试验机的电源，打开控制电脑并登录操作界面，选择好实验所用的方法标准，调试试验机的速度至规定值。

③ 在试验机上下夹具上分别安装上平行压板。

④ 把试样放在两压板之间，并使试验机长轴线与两压板表面中点连线相重合，保持试样两端面与压板表面平行。

⑤ 开动试验机，控制压板的升降速度，使压板表面与试样端面恰好接触，定为

变形的零点。

⑥ 继续加压,并记录下列负荷值:

（ⅰ）若压缩应变达到 10％前试样破坏,则记录压缩破坏负荷;若试样屈服,则记录压缩屈服负荷;若两者兼有,则记录最大负荷。

（ⅱ）若压缩应变达到 10％时仍不见屈服,也不见试样被破坏,则记录定压缩应变为 10％时的压缩负荷。

2.4.5　实验数据记录与处理

（1）发泡现象（见表 17）

表 17　发泡效果及时间

实验环境温度：_____℃,湿度：_____％

组分	用量(g)	发泡效果	泡沫升起时间(s)	乳白时间(s)	脱粘时间(s)
黑料					
白料					

（2）密度（见表 18）

表 18　试样密度

项目　编号	L(cm)				W(cm)				H(cm)				m(g)	ρ (g/cm³)
	L_1	L_2	L_3	平均	W_1	W_2	W_3	平均	H_1	H_2	H_3	平均		
①														
②														
③														
④														
⑤														
密度平均值(g/cm³)														

按下式计算样块的密度：

$$\rho = \frac{m}{L \times W \times H}$$

分别计算 5 个试样的密度，再求它们的平均值，即为所制备聚氨酯硬泡塑料的密度。

（3）压缩强度（见表 19）

① 按下式计算压缩强度：

$$\sigma_0 = \frac{P}{L \times W}$$

式中：P——压缩负荷（最大负荷、破坏负荷、屈服负荷）值，单位为 N；

L——试样长度，单位为 mm；

W——试样宽度，单位为 mm。

试验结果以每组试样测定值的算术平均值表示，取 3 位有效数字。

表 19　压缩强度

项目 编号	L(mm)				W(mm)				压缩负荷(N)	压缩强度(MPa)
	L_1	L_2	L_3	平均	W_1	W_2	W_3	平均		
①										
②										
③										
④										
⑤										
平均压缩强度(MPa)										

② 按下式计算标准偏差值（s）：

$$s = \sqrt{\frac{\sum_{i=1}^{n}(x_i - \bar{x})^2}{n-1}}$$

式中：x_i——单个测定值；

$\bar{x}$——一组测定值的算术平均值；

n——测定值的个数。

2.4.6 注意事项

(1) 黑料和白料混合后应快速搅拌均匀并立即计时,之后不要再搅拌混合液。

(2) 在实验过程中,所制作的硬泡应泡孔均匀、细密,无烧芯、表面褶皱等现象。若有上述现象发生,应适当调节配比,重新操作。

(3) 本实验所用的电子万能试验机量程应适中,也即所测试样压缩时的最大负荷值应为试验机满量程的 $10\% \sim 90\%$,但不小于试验机最大负荷的 4%,示值的误差应在 $\pm 1\%$ 之内。

(4) 试验机上下两块压板表面应光滑平整,光洁度不小于 7,且硬度较高,受压时自身不会发生变形。

(5) 试验机上下两块压板应互相平行且垂直于压力方向,试验时试样应均匀受压。

2.4.7 思考题

(1) 聚氨酯的黑料和白料分别指什么? 黑料和白料配比对聚氨酯密度等特性有无影响?

(2) 白料中各个组分的作用分别是什么?

(3) 什么叫泡沫升起时间、乳白时间和脱粘时间?

(4) 什么叫聚氨酯硬泡和聚氨酯软泡? 它们各有什么用途?

2.4.8 预习要求

(1) 了解聚氨酯发泡的基本原理、实验过程及注意事项。

(2) 掌握聚氨酯白料中各组分的作用。

(3) 熟悉电子万能试验机的使用方法。

(4) 了解聚氨酯硬泡塑料的应用范围。

2.5 热固性酚醛塑料模压成型实验

2.5.1 实验目的

(1) 了解模压机(平板硫化机)的基本结构和工作原理。

(2) 了解热固性塑料模压成型的原理和工艺操作过程。

（3）了解酚醛模塑粉的基本配方及各组分在模塑料中的作用。

（4）了解模压成型工艺参数对热固性塑料制品性能的影响。

2.5.2　实验原理

根据塑料在溶剂中的可溶性和加热后的可熔状态,塑料可以分为热塑性塑料和热固性塑料两种。其中,热塑性塑料所用的热塑性树脂因分子链都是线型或带支链的结构,在成型过程中分子链之间仅仅发生物理变化,不会发生交联反应,无化学键产生,故再次加热时会软化流动,选择适当的溶剂也可以对其进行溶解。

与热塑性塑料相反,热固性塑料是以热固性树脂为主要成分,配合以各种必要的添加剂通过交联固化过程形成的塑料制品。热固性塑料在制造或成型过程的前期为液态,但一旦固化,分子链之间将发生交联反应形成三维网络结构,且此过程是不可逆的,三维网络结构一旦形成,再次加热时不会再熔化或软化,浸没在溶剂中也只能发生轻度溶胀,但不会发生溶解。

常见的热固性树脂有以下几种:

① 不饱和聚酯树脂:由饱和的或不饱和的二元醇与饱和的或不饱和的二元羧酸(或酸酐)缩聚而成线型聚酯,再和乙烯基类单体形成混合物,其在固化剂的作用下发生自由基聚合而成不溶不熔的固体制品。由于不饱和聚酯树脂浇注体自身强度不高,故常和玻璃纤维等增强材料进行复合,所得复合材料产品称之为纤维增强塑料,俗称玻璃钢。玻璃钢现已广泛应用于市政工程、石油化工、装修装饰、包装运输等许多领域。

② 环氧树脂:指分子中含有两个或两个以上环氧基团的一类高分子化合物,有多种不同的类型,如双酚 A 型环氧树脂、酚醛环氧树脂、脂环族环氧树脂等。环氧树脂一般在固化剂作用下固化成热固性环氧塑料,所用的固化剂主要包括酸酐类和胺类两大类。环氧树脂具有耐腐蚀性能好、机械强度高、粘结性强、电学性质优良等特点,主要用途是作金属防蚀涂料和粘结剂,常用于印刷线路板和电子元件的封铸。

③ 酚醛树脂:是由酚类和醛类经过缩聚反应而合成的一种树脂,也是最早合成的一类树脂,俗称胶木或电木,外观呈黄褐色或黑色。酚醛树脂分为热塑性和热固性两种,其中热固性酚醛树脂合成时一般采用碱做催化剂,配料中醛过量,控制反应条件可得到一阶树脂,若合成条件不加控制,继续反应下去,则得到不溶不熔的具有三维网络结构的固化物。酚醛塑料在成型时常使用各种填充材料,根据所用填充材料的不同,可得到具有不同性能的成品,适用于不同的市场领域。

④ 脲醛树脂:又称为脲甲醛树脂,是由尿素和甲醛缩合而成的体形结构的高

分子化合物,也是较早的合成树脂之一。按照用途可将脲醛树脂分为模塑料脲醛树脂和粘结剂用脲醛树脂。脲醛树脂成本低廉,除用其压塑粉压制塑料制品外,脲醛树脂主要用作人造板或胶合板的粘结剂。

⑤ 三聚氰胺甲醛树脂:又称蜜胺、甲醛树脂,简称三聚氰胺树脂,是由三聚氰胺和甲醛缩聚而成的热固性树脂。三聚氰胺甲醛树脂的固化制品色彩鲜艳,具有良好的耐热性、耐水性,且表面硬度大,机械特性、电学性能良好,耐化学药剂性优越。它的压塑料主要用来制造餐具、各种家具及耐电弧制品等,而用玻纤布作增强材料的玻璃钢层压板有很高的机械强度、良好的耐热性、优良的介电性能及自熄性,已广泛用于制造高级的电工绝缘制品。

⑥ 聚氨酯树脂:聚氨酯树脂制成的产品品种很多,如泡沫塑料、弹性体、涂料、胶黏剂、纤维、合成皮革及铺面材料等。聚氨酯泡沫塑料包括软质泡沫塑料和硬质泡沫塑料,其中,软质泡沫塑料是指具有一定弹性的一类柔软性聚氨酯泡沫塑料,它是用量最大的一类聚氨酯产品,其泡孔结构大多为开孔结构,具有密度低、弹性恢复性好、透气、保温等特点,可用作防震材料、包装材料、隔热保温材料等;硬质泡沫塑料简称聚氨酯硬泡,它在一定负荷下不会发生明显变形,而当负荷加大到一定程度后发生的变形不能恢复,其泡孔结构大多为闭孔结构,具有绝热效果好、重量轻、比强度大等特点,广泛用作绝热材料、保温材料,少量用于仿木材、包装材料等非绝热场合。

上述几种热固性树脂在第一次加热时可以流动,并在压力下充满模具的型腔;当温度加热到一定值之后,闭模施压,树脂中线型的分子链发生交联反应形成三维网络结构,树脂失去流动性,逐渐固化定型;再经一段时间保压固化后,脱模,最终形成尺寸和形状与型腔一致的热固性塑料制品。

2.5.3　仪器与原料

(1) 仪器

本实验所用仪器如下:

① QLB-400×400×2 平板硫化机:1 台。

QLB-400×400×2 平板硫化机由机身、液压控制、油箱、电器控制四大部分组成,有手动、半自动等操作方式,具有上、中、下三块加热平板,其中,下两块加热平板可上下移动调节其间距。模压时平板的加热、平板的上下动作、模具排气以及保压等油泵电机的开启过程均由电器控制屏上的开关、按钮、指示灯所控制和显示。

该仪器的具体结构如图 7 所示:

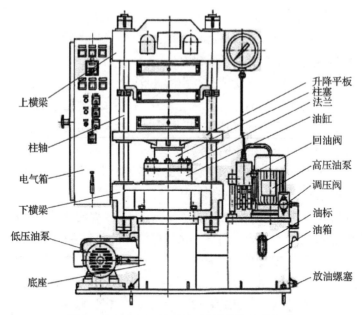

上横梁

柱轴

电气箱

下横梁

低压油泵

底座

升降平板
柱塞
法兰
油缸
回油阀
高压油泵
调压阀
油标
油箱
放油螺塞

图 7　QLB－400×400×2 平板硫化机结构图

QLB－400×400×2 平板硫化机主要技术参数如下：

（ⅰ）公称压力：490 kN；

（ⅱ）工作液最高压力：10 MPa；

（ⅲ）活塞杆直径：250 mm；

（ⅳ）热板规格：400 mm×400 mm；

（ⅴ）温主分布：中心区域 320 mm 范围内加热 60 min；

（ⅵ）任两点温差：不大于±5 ℃；

（ⅶ）热板单位面积压力：3 MPa；

（ⅷ）工作台快速上升速度：不小于 15 mm/s；

（ⅸ）工作台慢速上升速度：不大于 2 mm/s；

（ⅹ）工作台下降速度：不小于 10 mm/s。

② 压模（由阴、阳模构成）：1 套。

③ 烘箱：1 台。

④ 天平（感量 0.5 g）：1 台。

⑤ 铜刀、石棉手套、药勺等实验用具。

（2）原料

本实验所用原料有酚醛树脂粉、六次甲基四胺、轻质氧化镁、碳黑。

2.5.4　实验步骤

（1）实验前的准备

① 装置检查

（ⅰ）通过油箱上的液位计观察油箱内部是否有足够量的液压油。液压油高度应为下基座的 2/3 高度，若发现油量不足，应报告给指导老师，及时添加液压油。

（ⅱ）检查各机械连接部位特别是支柱上螺母和油管接头处是否拧紧以及连接牢固，若有松动，应及时拧紧。

（ⅲ）检查电器元件的连接是否正确，接头处是否夹紧，电气箱的接地是否可靠。若发现电器连接有异常，不能随意操作，应请专业电工重新连接牢固。

（ⅳ）启动电动机，观察回转方向是否与油泵相符合。若不相符，应报告给指导教师，及时进行解决。

（ⅴ）熟悉控制面板上各个控制开关及显示屏的作用，熟悉放气时间、成型时间的设定方法，了解紧急刹车按钮的位置及该按钮的使用方法。

② 空载试车

（ⅰ）把回油阀扳到闭合位置，按下启动按钮，油泵运转，同时油液推动平台和热板上升，到即将闭模时打开回油阀（这时由于行程开关断开，油泵停止运转），柱塞和平台下降，当下降到行程末端时再闭合回油阀（油泵自动运转），柱塞再度上升。如此使柱塞升降不少于 1 次。

（ⅱ）柱塞在升降过程中油泵应运转正常，无异常噪声，同时平台和热板在升降过程中无阻卡和抖动现象，各密封和管接头处无渗漏现象，否则应及时向老师汇报。

（2）进行实验

① 各组分按照酚醛树脂为 60%、六次甲基四胺为 6%～8%、轻质氧化镁为 10%～15%、碳黑为 17%～24% 进行备料称量，然后将各组分放入捏合机中搅拌混合 30 min，备用。

② 根据模压热固性塑料目标制品的密度 ρ、厚度 t 及模具型腔的横截面积 S，按下式计算模塑料混合料的质量 m：

$$m = S \times t \times \rho$$

据此准确称取模塑料混合料（准确的装料量应等于上述计算值再附加 3%～5% 的挥发物、毛刺等损耗），将其与加料小勺一并放入烘箱中的厚纸片上，并将模塑料混合料在厚纸片上摊开铺展。模塑料混合料在厚纸片上的厚度应小于 10 mm，在

105 ℃温度下预热 15 min。

③ 把模压模具放在模压机上、下模板之间(由于本实验所用模具较厚,为了确保有足够的行程,中模板和下模板应紧密贴合,实验过程中利用的应当是上模板和中模板之间的空间,在此我们将贴合在一起的中模板和下模板统称为下模板)。

④ 接通电源,利用控制面板上的温度设置按钮分别将上、下模板的温度设置为 165 ℃,成型时间设置为 30 min,然后开启温控加热电源对上、下模板进行加热,模板上模具温度随之上升直至设置的模压温度 165 ℃。

⑤ 将红色电接点压力表指针调至 15 MPa(上限调定值),同时将绿色指针调至 14.5 MPa(下限调定值);检查模压机各部分的运转、加热情况是否良好,并及时调节到工作状态;根据工艺要求设定排气次数和模压时间。

⑥ 取下模具之阳模,用棉纱将阳模凸台及阴模的型腔擦拭干净,然后在型腔底部放置一张 PC 脱模纸,随即把已计量且预热的混合料加入模腔内并堆成中间稍高的样式,在混合料上再覆盖一层 PC 脱模纸,合上阳模,再置于压机热板中心位置。

⑦ 把手动/自动开关扳向手动位置进行手动加压,液压活塞推动下模板上升。合模后,系统压力升至设定值 15 MPa(黑色指针)。

⑧ 按工艺要求保压 30 min 后解除压力,然后将下模板降至原位。

⑨ 戴上手套将模具移至脱模台上打开模具,使阴、阳模分离,取出制品,再用铜刀清理干净模具并重新组装待用。

⑩ 改变工艺条件,重复上述操作过程再次进行模压实验。

2.5.5 实验数据记录与处理

(1) 模塑料配方(见表 20)

表 20 模塑料配方

组分	酚醛树脂	六次甲基四胺	轻质氧化镁	碳黑
质量(g)				

(2) 模压工艺条件(见表 21)

表 21 模压工艺参数

工艺参数	上模板温度(℃)	下模板温度(℃)	模压压力(MPa)	保压时间(min)
实验数据				

2.5.6　注意事项

（1）实验过程中应保持实验场所良好的通风工作环境，应保持清洁，要防止脏物和水分进入油箱和电气箱。

（2）对模压料进行预热有利于改善模压料在模压成型过程中的工艺性能，增加物料的流动性以及减少挥发物，便于装模和降低制品的收缩率，提高制品的质量。因而，模压之前应对混合料进行预热，但预热温度不宜过高，以免导致模压料提前固化而影响后期模压实验。

（3）模压过程中加料时间要尽量短。从加料开始到闭模、排气、加压这段时间不能超过模塑料的聚合时间，酚醛模塑料的聚合时间一般在 100 s 之内。

（4）当混合料被全部加入模具的型腔并覆盖上脱模纸之后，应立即闭模并使压机下模板托着模具以较快速度上行，避免模塑料在模具中发生早期固化；当模具的阳模顶部接近上模板时，降低模板上行速度，并慢慢模压模具中的混合料，然后逐渐加压和排气，最后加压至要求压力并使模具封模。

（5）当模压含有嵌件的塑料时，嵌件通常是直接安装在固定位置上，且其安装位置必须准确平稳，否则会造成废品甚至会损坏模具。为使嵌件和模塑料结合更牢固，嵌件上应有环形槽、滚花等，使嵌件不至在受力时沿径向、轴向转动。

（6）实验过程中要注意安全，防止触电，同时要防止模板的挤压或烫伤。

（7）遇到紧急情况应及时按动急刹车按钮。

2.5.7　思考题

（1）本实验酚醛模塑料中各组分的作用是什么？

（2）热固性塑料模压成型的特点是什么？

（3）模压热固性塑料时，为什么需要对原料混合物进行预热？预热时间过长或过短有何后果？

（4）模压温度、压力和时间对制品质量有何影响？如何处理它们之间的关系？

（5）热固性塑料模压过程中为什么要进行排气？其模压过程与热塑性塑料的模压成型有何区别？

（6）模压成型常用的脱模剂有哪些？

（7）导致模塑料产品外观粗糙，甚至还可以看到粉状或颗粒状原料的原因是什么？如何克服此质量瑕疵？

2.5.8 预习要求

(1) 了解模压机(平板硫化机)的结构及使用方法。

(2) 了解热固性酚醛塑料的基本配方及各组分的作用。

(3) 熟悉酚醛模塑料的模压成型工艺。

(4) 了解影响酚醛模塑料制品质量的因素。

2.5.9 附注

(1) 工业生产中,由于模压制品的结构及形状往往相当复杂,故一般采用估算的方法对装料量进行计算。常用的几种估算方法如下:

① 形状、尺寸简化估算法:将复杂形状的制品简化成简单的标准形状,同时将尺寸也做相应变更后再进行计算。

② 密度比较法:当模压制品有与其相同形状及尺寸的金属或其他材料制品时,根据模压材料及其对应制品的密度以及金属或其他材料制品的质量估算模压制品的用料量。

③ 注型比较法:若模塑料制品形状复杂,难以按体积估算其用料量,又无其他材料的相同制品可供比较,可先用树脂、石蜡等注型材料注成产品,再按注型材料的密度、质量及模塑料制品的密度估算模塑料制品的用料量。

(2) 模压成型中所用的脱模剂有多种,如石蜡、机油、油酸、硬脂酸锌、硬脂酸钙、硬脂酸、硅油、硅脂和硅橡胶等,同时也可采用耐热性能良好的聚碳酸酯薄膜。脱模剂在满足脱模要求的情况下尽可能少用,同时涂覆要均匀,否则会降低制品的表面光洁度或影响脱模效果。

酚醛模塑料多用油酸、石蜡、硬脂酸等脱模剂;环氧以及环氧酚醛模塑料多采用硬脂酸钙、硅油、硅脂、硅橡胶等脱模剂;聚酯模塑料多采用硬脂酸锌、硬脂酸钙、硅油等脱模剂。硅油或硅橡胶脱模剂配成 2%～5% 的甲苯或二甲苯溶液使用时效果较好。

(3) 当选用的模塑料的比容较大时,为了提高压制效率和质量,需将模塑料预压成毛坯。预压具有如下优点:① 压制时加料准确且迅速;② 缩短操作时间,有利于提高产品质量;③ 可简化模具的结构;④ 改善压制劳动条件。预压目前有两种方法,一种是低温预压法,另一种是塑化法。低温预压法是采用与制品相似的模具或利用压模在 50～90 ℃时加适当压力预先将模塑料压成毛坯;塑化法是将模塑料加入螺杆挤出机或活塞挤出机,在一定温度下模塑料受热开始塑化,借助螺杆挤力或活塞推力压缩模塑料并使其成为均匀密实的料流并在机头流出,再根据产品要求切成一定长度便成为坯料。

2.6　塑性溶胶制备和搪塑成型实验

2.6.1　实验目的

(1) 掌握塑性溶胶的配制过程。

(2) 了解聚氯乙烯配方的设计思想。

(3) 掌握搪塑成型实验的工艺过程。

2.6.2　实验原理

聚氯乙烯(PVC)塑性溶胶是 PVC 均匀分散、悬浮在增塑剂中所形成的分散体系,又称 PVC 糊。PVC 糊中通常还添加稳定剂、填料、表面活性剂、稀释剂、挥发性溶剂、着色剂和润滑剂等,这些都取决于制品的使用要求。PVC 糊主要用作 PVC 的浇铸成型、涂层成型及泡沫塑料成型的原料,用于制造人造革、地板、泡沫制品、地毯衬里、纸张涂布、铸塑(搪塑或滚塑等)成型、浸渍制品等。

制备 PVC 糊的原理是利用一定的机械搅拌作用,使 PVC 树脂颗粒和其他组分的固体颗粒料均匀地分散在增塑剂中;同时,为了防止固体颗粒聚集、沉积,还利用表面活性剂和润滑剂来降低固体颗粒与液体界面的张力,从而形成稳定的分散体系。由于增塑剂和稀释剂等与 PVC 有一定的相溶性,故在 PVC 糊的配制过程中,PVC 颗粒溶胀的状况和颗粒之间夹杂空气的量取决于机械搅拌的强烈程度、物料温度、搅拌时间以及配方。如果 PVC 颗粒过度溶胀,不仅 PVC 糊的黏度将显著提高,黏度稳定性变差,而且还影响随后排除 PVC 糊中气泡的工序和成型加工。因此,控制机械搅拌、物料温度、搅拌时间等配制工艺参数以及优化配方对于提高 PVC 糊质量很重要。

在制备 PVC 糊的过程中,糊内的大多数气体可以在混合后放置的 24 h 内自动逸出,余下的少部分气体需经过脱气处理去除。除少数情况外,大多数 PVC 糊都是在使用之前进行脱气处理。脱气处理常利用抽真空的方法,使 PVC 糊中的空气自动逸出。

搪塑成型又称为涂凝成型,是用糊塑料制造空心软质制品(如玩具)的一种重要方法。它是将糊塑料(塑性溶胶)倾倒入预先加热至一定温度的模具(凹模或阴模)中,接近模腔内壁的糊塑料即会因受热而胶凝,然后将没有胶凝的糊塑料倒出并将附在模腔内壁上的糊塑料进行热处理(烘熔),再经冷却即可从模具中取得空心制品。

搪塑成型主要采用糊塑料,目前使用的主要是 PVC 糊。通常用的 PVC 糊由树脂、增塑剂、稳定剂、着色剂和其他助剂组成。添加增塑剂,可以制成各种软、硬 PVC 制品;添加稳定剂,可避免 PVC 树脂因易分解而无法成型加工;添加着色剂,可制成各种不同颜色的制品;添加其他助剂,可使 PVC 制品的质量、加工工艺得到改善和提高。

搪塑成型中,PVC 糊由各种组分的颗粒分散体变成连续均匀的增塑弹性体的过程可分为"胶凝"和"熔化"两个阶段。

① 胶凝阶段:PVC 颗粒均匀分散在液相中,在热的作用下液体组分(增塑剂等)黏度进一步下降,继续向 PVC 树脂颗粒渗透,使溶胀的 PVC 颗粒间距离缩小,糊的黏度逐渐上升,直至全部增塑剂被 PVC 颗粒完全吸收、颗粒界面接合为止,这时 PVC 糊失去流动性,出现胶凝现象。此时的温度叫胶凝温度。

② 熔化阶段:胶凝出现之后,继续加热,增塑剂分子会加速渗入 PVC 大分子链间,从而降低大分子链间的分子作用力,加强了大分子链的活动性,使界面缩小甚至消失,形成连续均匀的体系,完成熔化阶段。连续均匀的体系经冷却便成为具有一定力学强度的增塑弹性体。

搪塑成型设备费用低,宜高效连续化生产,工艺控制也较简单,但制品的壁厚和质量的准确性比较差。目前,国内多以聚氯乙烯糊用该法生产中空塑料玩具。

2.6.3 仪器与原料

(1) 仪器

本实验所用仪器如下:电热鼓风干燥箱,2 台;电子天平(感量 0.1 g),1 台;搪塑模具,1 副;真空脱泡装置,1 套;烘箱,1 台;烧杯(100 mL,200 mL,300 mL),各 2 只;温度计(200 ℃),1 支;玻璃棒,3 根;量筒(100 mL),3 只。

(2) 原料

本实验所用原料如下:

① 悬浮法 PVC 树脂:XS - 2,XS - 3 或 XS - 4 型;

② 乳液法 PVC 树脂:RH -(1,2 或 3)-Ⅲ型;

③ 邻苯二甲酸二辛酯(DOP):密度(20 ℃)为 0.986 g/cm³,工业品;

④ 邻苯二甲酸二丁酯(DBP):密度(20 ℃)为 1.049 g/cm³,工业品;

⑤ 癸二酸二辛酯(DOS):密度(20℃)为 0.929 g/cm³,工业品;

⑥ 硬脂酸钡(BaSt):工业品;

⑦ 硬脂酸镉(CdSt):工业品;

⑧ 硬脂酸锌(ZnSt):工业品。

本实验所采用的 PVC 糊的配方(以重量份)如表 22 所示。

表 22 本实验采用 PVC 糊的配方

方法 \ 组分	树脂	DOP	DBP	DOS	BaSt	CdSt	ZnSt
悬浮法 PVC	100	30~60	65~130	5~10	2.4	0.8	0.4
乳液法 PVC	100	24~48	48~52	4~8	2.4	0.8	0.4

2.6.4 实验步骤

(1) 备料

① 混合增塑剂:按配方,用量筒将计量好的各增塑剂集中于一只 200 mL 的烧杯内,混合搅拌均匀成为混合增塑剂。

② 打浆:分别称取稳定剂,合并放入一只 300 mL 的烧杯中;再在稳定剂烧杯中加入其总质量 2.5 倍的混合增塑剂,用玻璃棒搅拌使其成为均匀的浆料。

(2) 制糊

① 乳液法 PVC 树脂制糊

在上述浆料的烧杯中加入全部乳液法 PVC 树脂,再加入 60%份的混合增塑剂,在不超过 32 ℃的条件下不停地搅拌 20~30 min,使其形成分散均匀的糊状,然后加入剩余的混合增塑剂混合搅拌 10~15 min,即得均匀的 PVC 糊。

② 悬浮法 PVC 树脂制糊

对悬浮法 PVC 树脂,制糊方法可分为拌料和冲糊两步。

(ⅰ)拌料:在上述浆料的烧杯内加入 10%份的悬浮法 PVC 树脂和 16%份的混合增塑剂,在常温下拌和均匀。

(ⅱ)冲糊:将 50%份的混合增塑剂加热到 150~155 ℃,热冲入已在常温下拌匀的物料中并不停地搅拌,在料温逐渐下降的同时物料变成半透明的、均匀的糊状物;当糊状物的温度下降到 55~65 ℃时,加入余下 90%份的悬浮法 PVC 树脂和剩余混合增塑剂,混合搅拌均匀即成为 PVC 糊。

(3) 脱泡

启动真空装置,把 PVC 糊倒进脱泡装置的布氏漏斗中,使 PVC 糊逐滴下落,利用真空作用脱出糊中的空气。

(4) 搪塑成型

预先将洁净的搪塑成型模具置于 180 ℃的恒温鼓风烘箱内,加热 10 min 后取出。使模具中凸出尖角部位倾斜,将悬浮法或乳液法 PVC 糊沿模具的侧壁匀速地注入模具型腔内并稍加震动,以利于排气。待 PVC 糊完全灌满模具型腔后暂停 30～60 s,以利于 PVC 糊均匀浸润模腔壁面,再将 PVC 糊倒回容器内,这时与模壁接触的一层 PVC 糊已发生部分胶凝。随即将搪塑模具送入 160 ℃恒温烘箱加热 10～40 min,使贴于壁面的 PVC 糊熔化,然后取出模具用水或风冷至 80 ℃以下,再用手工或抽真空的方法即可从模具内取出制品。

2.6.5　实验数据记录与处理(见表23)

表 23　PVC 糊的配方

组分 方法	树脂	DOP	DBP	DOS	BaSt	CdSt	ZnSt
悬浮法 PVC	100						
乳液法 PVC	100						

2.6.6　注意事项

(1)悬浮法 PVC 树脂制糊时要采用热冲。

(2)实验时要注意各组分的加料顺序。

(3)搪塑工艺系高温操作,取放模具时务必戴手套,以免烫伤。

(4)PVC 树脂分解会放出有毒气体,在灌模时要干净利落,避免将糊料溢出模外或滴落在烘箱内。

(5)避免用坚硬物件清理模具,以免刮伤模具内表面。

(6)脱泡操作过程中应缓慢开启放空阀,勿使真空系统中的干燥液体倒流。

2.6.7　思考题

(1)该实验配方在设计时应满足哪些性能及使用要求?

(2)应从哪几个方面判断产品质量是否合格?

(3)配方中树脂种类、增塑剂种类、增塑剂用量以及搪塑成型工艺对制品性能是怎样影响的?

(4)在由塑性溶胶变为制品的过程中,糊塑料发生了哪些物理变化?试加以详述。

2.6.8　预习要求

(1)了解塑性溶胶制备和搪塑成型的基本原理。

(2)了解塑性溶胶制备和搪塑成型的基本过程。

(3)了解实验所用的仪器设备及注意事项。

2.7　聚乳酸塑料的 3D 打印成型实验

2.7.1　实验目的

(1) 了解 3D 打印的分类及其应用。

(2) 了解 FDM 法 3D 打印的基本原理。

(3) 掌握 3D 打印成型实验的工艺过程。

2.7.2　实验原理

3D 打印机与普通打印机的工作原理基本相同,主要区别在于使用的打印材料不同,普通打印机所用的打印材料是墨水和纸张,而 3D 打印机所用的"打印材料"则是制作产品所用的各种原材料,比如金属、陶瓷、塑料、砂等。3D 打印成型,即先通过计算机建模软件将待打印物品建立模型,再将建成的三维模型"分区"成逐层的截面(即切片),当电脑与打印机连接后,打印机便通过读取文件中的横截面信息,用液体状、粉状或片状的材料将这些截面逐层地打印出来,再将各层截面以各种方式粘合在一起从而制造出一个实体。

3D 打印机打印出的截面的厚度(即 Z 方向)以及平面方向(即 X - Y 方向)的分辨率是以 dpi(每英寸的像素)或者微米来计算的。一般 3D 打印机打印出的厚度为 $100~\mu m$,即 $0.1~mm$,也有部分打印机可以打印出更薄的层厚;而平面方向则可以打印出和激光打印机相近的分辨率,打印出来的"墨水滴"的直径通常为 $50\sim100~\mu m$。

3D 打印工艺有多种,包括熔融沉积制造(FDM)、光固化快速成型(SLA)、叠层实体制造(LOM)、选择性激光烧结(SLS)及三维打印制造(3DP)等。其中,FDM 是目前 3D 打印机使用较广的技术。在该工艺中,加热喷头在计算机的控制下,根据产品零件的截面轮廓信息做 X - Y 平面运动,热塑性丝状材料由供丝机构送至热熔喷头并在喷头中受热熔化成半液态,然后被挤压出来并有选择性地涂覆在工作台的制件基座上,快速冷却后便形成一层大约 $0.127~mm$ 厚的薄片轮廓;当一层截面成型完成后,工作台下降一个层高再进行下一层的喷涂。如此循环,最终形成 3D 产品。

3D 打印常用的材料有聚乳酸塑料、ABS 塑料、尼龙玻纤、耐用性尼龙材料、石膏材料、铝材料、钛合金、不锈钢、镀银、镀金、橡胶类材料等。3D 打印机是可以"打印"出真实的 3D 物体的一种设备,其几乎可以造出任何形状的物品,比如灯具、各种模型、食物、房屋等。

2.7.3 仪器与原料

本实验所用仪器为1台桌面式3D打印机,所用原料为聚乳酸线材。

2.7.4 实验步骤

(1) 方法一:开机及一键打印

① 下载 Cura 软件并设置打印参数:以 PLA 为例,设置层高为 0.1~0.2 mm,填充密度为 60%~100%,打印角度为 0°~45°,打印速度为 40 mm/s,打印温度为 210 ℃,热床温度为 55 ℃,线材直径为1.75 mm,流量为 100%。设置完之后以 gsd 路径文件拷入 TF 卡,并插入打印机卡槽。

② 打开 Einstart 电源并开机。

③ 确认打印丝已在喷头内加载完成(齿轮已经咬紧,无法拔出)。

④ 长按"右"键,一键打印"最新生成的"gsd 路径文件。

(2) 方法二:连接并通过电脑打印(Ⅰ)

① 运行 TF 卡中 Einstart打印启动包 ▶ 3Dstart 安装程序,将 3Dstart 打印软件安装于电脑中。

② 运行 TF 卡中 xxxxxx.reg 文件,在电脑上注册 Einstart 打印机。

③ 打开 Einstart 3D 打印机电源并开机,通过数据线连接电脑,当打开电脑上的 3Dstart 软件后自动连接打印机,此时可进行"设备控制""模型编辑"等功能操作。

(3) 方法三:连接并通过电脑打印(Ⅱ)

① 选择想要打印的模型(stl 格式),进行"模型编辑"后"生成路径",转换为 3D 打印机可以读取的格式(gsd 文件)。

② 将生成的 gsd 文件(在 stl 文件同一目录下)通过读卡器拷贝到随机的 TF 卡中,通过"一键打印"功能快速开启打印任务。

也可通过软件中的"开始打印",体会更多如"暂停演示""暂停换丝""暂停补料"等功能。

2.7.5 实验数据记录与处理(见表 24)

表 24　3D 打印工艺参数

工艺参数	层高(mm)	打印角度(°)	填充密度(%)
实验数据			

2.7.6　注意事项

（1）在整个 3D 打印过程中，线材扮演着至关重要的角色。线材中不应夹有气泡，且线材直径应基本稳定，圆度要高。

（2）打印机应摆放平整。

2.7.7　思考题

（1）3D 打印工艺有哪些类型？哪些工艺适合于高分子材料加工成型？

（2）FDM 工艺的基本原理是什么？如何操作？

（3）目前较适合于 FDM 工艺的塑料品种主要包括哪些？

（4）3D 打印和其他成型工艺相比有何优缺点？

2.7.8　预习要求

（1）了解 3D 打印的几种不同工艺及其适用范围。

（2）了解 FDM 工艺原理。

（3）了解 FDM 工艺的基本操作过程。

2.7.9　附注：FDM 3D 打印机操作步骤

FDM 3D 打印机的正面图与侧面图分别如图 8 和图 9 所示，其具体操作步骤如下：

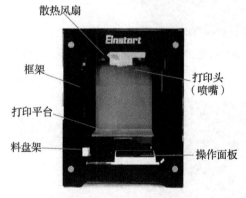

图 8　FDM 3D 打印机正面图

图 9　FDM 3D 打印机侧面图

(1) 放置导丝软管和打印平台(见图 10)

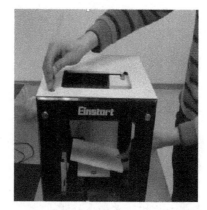

图 10　放置导丝软管和打印平台示意图

(2) 将打印丝安装在料盘支架上(见图 11)

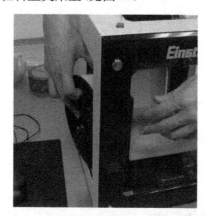

图 11　将打印丝安装在料盘支架上示意图

(3) 打印丝穿管(见图 12)

图 12　打印丝穿管示意图

（4）打开红色电源开关（氛围灯为蓝光）（见图 13）

图 13　打开红色电源开关示意图

（5）长按屏幕上"OK"键开机（点亮显示屏，氛围灯变白光）（见图 14）

图 14　长按屏幕上"OK"键开机示意图

（6）按"快捷操作"栏中"进丝"（见图 15），并等待"喷嘴"升温（氛围灯变紫光）（见图 16）

图 15　按"快捷操作"栏中"进丝"示意图

图 16　"喷嘴"升温示意图

（7）升温完成（氛围灯为白光），插入丝（见图 17）

图 17 插丝示意图

（8）细丝从喷嘴挤出，进丝成功（见图 18）

图 18 进丝成功示意图

（9）按左键结束进丝动作（见图 19）

图 19 结束进丝动作示意图

（10）按右键选择打印模型（见图 20）

图 20　选择打印模型示意图

（11）按"OK"键开始打印（见图 21）

图 21　开始打印示意图

第 3 章 　 橡胶的加工成型

3.1 　 橡胶的塑炼实验

3.1.1 　 实验目的

(1) 掌握橡胶塑炼的基本原理。

(2) 了解橡胶塑炼加工的全过程。

(3) 了解橡胶塑炼所用的主要机械设备(如开炼机)的基本结构,掌握这些设备的操作方法。

3.1.2 　 实验原理

生胶是线型高分子化合物,在常温下大多数处于高弹态。而橡胶加工工艺对生胶可塑度具有一定的要求,橡胶的塑炼即是实现其由高弹态变为具有一定可塑度的一个重要手段,塑炼可通过机械或化学的方法进行,其中机械塑炼法应用最为广泛。通过塑炼,橡胶大分子长链断裂变成较短的分子链,分子量分布趋向均匀化,生胶的粘度降低,从而去除或减小了生胶的高弹性,使之由原来的强韧的高弹性状态转变为柔软而富有可塑性的状态,获得适当的流动性,以满足后续橡胶混炼和成型加工的需要。塑炼胶的可塑性既对橡胶的加工工艺十分重要,同时更是直接影响到橡胶制品的性能。一般而言,涂胶、浸胶、刮胶、擦胶和制造海绵用的胶料可塑性宜高些;模压用的胶料可塑性宜低些;供压出用的胶料,则介于两者之间。通过塑炼,可使橡胶的性质更加均匀,便于生产过程的控制。但橡胶的塑炼程度应严加控制,因为过度的塑炼反而会使硫化胶的机械强度降低,永久变形增大,耐磨耗和耐老化性能都降低。

影响橡胶塑炼效果的因素有多种,既和氧、电、热、机械力以及增塑剂等因素有关,同时还受装胶容量、辊筒间距、辊筒转速与速比、辊筒温度、塑炼时间等因素影响。

对生胶进行塑炼的设备主要包括开炼机和密炼机两种。

开炼机又称为开放式炼胶机或开放式炼塑机,在塑料制品单位,人们又都习惯称它为两辊机。它的主要工作部分是两个以不同线速度相对旋转的中空辊筒或钻孔辊筒（其结构如图 1 所示），在操作者一面的称作前辊，可通过手动或电动做水平前后移动，借以调节辊距，适应操作要求；后辊则是固定的，不能做前后移动。前、后辊筒的大小一般相同。

塑炼时，胶料堆放在辊筒上方，由于胶料与辊筒表面之间的摩擦和粘附作用，以及胶料之间的粘接作用，当辊筒旋转时，胶料便会随着辊筒的转动而被卷入两辊间隙中。这时，由于两个辊筒表面的线速度不同，在辊隙内的物料就会受到强烈的挤压与剪切作用发生分子链断裂，降低了大分子的长度，从而完成塑炼过程（如图 2 所示）。

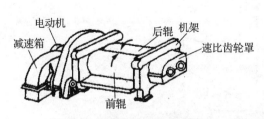

图 1　开炼机的结构示意图

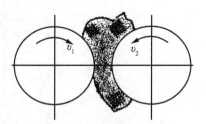

图 2　开炼机塑炼示意图

由于橡胶在塑炼时会发热，而塑炼效果与塑炼时的温度又密切相关，因此通常的开放式炼胶机的辊筒是空心的，可以通入冷却水以降低辊筒温度，这样可以满足各种胶料对塑炼温度的要求。炼胶机的两个辊筒的速比愈大，则剪切作用愈强，塑炼效果愈好。但是，随着速比的增大，生胶升温加速，电力消耗将增大，所以速比通常取值为 1∶1.25～1∶1.27。而缩小辊间距也可增大机械剪切作用，提高塑炼效果。生胶通过两辊筒后的厚度 b 总是大于辊距 e 的，其比值 b/e 称为超前系数。超前系数愈大，说明生胶在两辊筒间所受的剪切力愈大，可塑性增长也愈快。对于开炼机，超前系数多在 2～4 范围内。

开炼机的发展已有 100 多年的历史。一方面，它具有结构简单、制造比较容易、操作容易掌握、维修拆卸方便、加工适应性强等优点，故至今仍得到广泛应用；但另一方面，它存在着劳动条件差、劳动强度大、生产效率低、操作危险性大（需特别注意）、物料易发生氧化等缺点，因而其一部分工作目前已由密炼机所代替。

密炼机又叫捏炼机，其结构如图 3 所示。密炼机的主要组成部分包括密炼室、两个相对回转的转子、上下顶栓、测温系统、加热冷却系统、密封装置和电机传动装置等。其主要加工过程如下：胶料从加料斗进入密炼室后，加料门关闭，上顶栓落下，胶料被其挤压，同时由于摩擦力的作用及两个转子的相对回转，胶料被带入到两个转子的辊缝中，胶料在受到两个转子强烈的挤压和剪切后穿过辊缝落下，当碰到下顶拴尖棱时被分成两部分，分别沿前后室壁与转子之间缝隙再回到辊隙上方，被破碎的两股胶料相会于两个转子口部,然后再进入两个转子的辊隙中,如此反复。在每个循环过程中,胶料均将受到强烈的剪切、捏炼和搅拌作用,从而导致其温度急剧上升,粘度降低,橡胶在配合剂表面的湿润性增加,配合剂在胶料中混合逐渐趋向均匀,并达到一定的分散度(混炼)。胶料炼好后,卸料门打开,胶料从密炼室下部的排料口排出,完成一个加工周期。

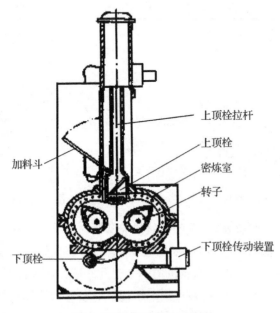

图3　密炼机的结构示意图

3.1.3　仪器与原料

(1) 仪器

本实验所用仪器有 X(S)K - 160B 型双辊筒开放式炼胶机、电热鼓风干燥箱、裁胶刀、割刀。

(2) 原料

本实验所用原料为天然橡胶生胶。

3.1.4　实验步骤

(1) 检查辊筒上是否粘有杂物,如有杂物粘附或油污等污渍,实验前应及时清除干净,以免开机后轧坏辊筒或影响塑炼胶质量。

(2) 清理辊筒下方的接料盘,确保其干净整洁。

（3）将辊距调大,按照设备操作规程打开双辊炼胶机的电源,先开机空转并试验紧急刹车,检查开炼机各个部件是否处于正常运转状态,确保无异常现象发生。

（4）烘胶:将块状天然橡胶生胶放在 50 ℃的烘箱中进行烘胶。烘胶时间长短取决于胶的硬度,以烘烤软化后便于切割为准。

（5）切胶:从烘箱中取出适当软化的生胶,并用裁胶刀切取设计重量的胶块。

（6）破胶:将辊距调至 2～3 mm,然后将切割好的碎块生胶依次连续投入至两个辊筒之间(期间操作不宜中断,以防胶块弹出伤人)。破胶的次数一般为 2～3 次。

（7）薄通:将辊距调至 0.5～1 mm,辊温控制在 45 ℃左右,再将破胶后的生胶碎胶片在靠近大牙轮的一端投入辊筒的间隙中,使之不包辊直接落到接料盘中。当辊筒上无堆积胶料时,将盘内胶片扭转 90°角后重新投入辊筒间隙内继续薄通,直至获得所需的可塑性为止。

（8）捣胶:将辊距调至 1 mm,使胶料包辊后,手握割刀从左向右割到近右边缘(约 4/5,不要割断),再向下割,使胶落在接料盘上(直到辊筒上的堆积胶快消失时才停止割胶);而割落的胶随着辊筒上的余胶带入辊筒右方,再从右向左同样割胶。如此反复操作多次,直到达到所需塑炼程度。

（9）辊筒冷却:在塑炼过程中,辊筒因胶料的挤压、摩擦而具有较高的温度,应经常用手轻轻触碰辊筒感觉辊温。若感到辊温较高,应适当通冷却水使辊温下降,确保辊温不超过 50 ℃。

（10）实验完毕后关闭电源,清理辊筒及接料盘。

3.1.5　实验数据记录与处理

（1）实验条件

① 原材料名称:_____

② 实验温度:_____

③ 实验湿度:_____

④ 仪器型号:_____

⑤ 仪器生产厂商:_____

（2）实验参数

① 生胶质量:_____g;

② 破胶次数:_____次;

③ 薄通次数:_____次。

3.1.6　注意事项

（1）操作双辊炼胶机时必须在老师的指导下按照设备操作规程进行,操作过程中必须集中精力,不得互相聊天以免分散注意力,更不能相互打闹。

（2）要调整好开炼机的辊距,保持辊距的平衡(若两端辊距调节的大小不一,极易造成辊筒偏载,从而损坏设备),同时要严禁两个辊筒直接接触。

（3）捣胶时要先用割刀将包辊胶片划破,然后再上手拿胶,且禁止戴手套操作,手也一定不能接近辊缝;如果胶片未被割开,不准硬拉硬扯;严禁一手在辊筒上投料,一手在辊筒下接料;如遇胶料跳动不易轧时,不得用手压胶料;推料时必须半握拳,不准超过辊筒顶端水平线;摸测辊温时,手背必须与辊筒转动方向相反。

（4）割刀必须放在安全地方,严防割刀卷入胶料而被带入辊轮;割刀必须在辊筒中心线以下操作,不准对着自己身体方向。

（5）辊筒运转过程中如发现胶料中或辊筒中有杂物,或挡板、轴瓦处等有积胶时,必须停车处理;如遇到运输带积胶或发生故障也必须停车处理;如遇到突然停车,应按顺序切断电源,关闭水、气阀门。严禁带负荷开车。

（6）炼胶时必须有 2 人以上在场,如遇到危险时应立即触动安全刹车。

（7）留长发的学生应事先戴好帽子,并将长发盘入帽中,以免头发被卷入炼胶机中。

3.1.7　思考题

（1）天然橡胶进行塑炼的目的是什么? 哪些因素会影响塑炼的效果? 如何影响?

（2）橡胶塑炼的原理是什么?

（3）什么叫破胶、薄通和捣胶? 它们对生胶的塑炼质量有何影响?

（4）在橡胶塑炼过程中,为什么要控制辊筒的温度在 50 ℃以下?

（5）辊间距大小对各阶段的塑炼效果有何影响?

（6）开炼机和密炼机在结构上有何区别?

（7）操作炼胶机时应注意哪些安全事项?

3.1.8　预习要求

（1）了解开炼机和密炼机结构上的区别,熟悉开炼机的基本操作步骤。

（2）了解塑炼的基本原理和作用。

（3）了解切胶、破胶、薄通、捣胶的概念。

（4）了解操作开炼机时的安全注意事项。

3.2 橡胶的混炼实验

3.2.1 实验目的

（1）了解橡胶混炼和塑炼概念上的差别，熟悉橡胶混炼的目的。
（2）掌握橡胶混炼的基本原理与工艺步骤。
（3）进一步掌握双辊炼胶机的操作方法。

3.2.2 实验原理

橡胶是现代国民经济与科技领域中不可缺少的高分子材料，用途十分广泛，不仅可以用于人们的日常生活、体育运动和医疗卫生，还能满足工农业生产、交通运输、航空航天以及电子通讯等领域的需求。

橡胶加工是指由生胶及其配合剂经过一系列化学与物理作用制成橡胶制品的过程，主要包括生胶的塑炼、塑炼胶与各种配合剂的混炼及成型、胶料的硫化等几个加工工序。橡胶的塑炼操作已经在前面的实验中进行了介绍，本实验主要介绍橡胶的混炼。

橡胶混炼是先通过机械的作用，使各种配合剂与塑炼胶均匀混合形成混炼胶，而混炼的目的是使各种配合剂能完全均匀分散在橡胶中，胶料组成和各种性能均匀一致，从而提高所得橡胶制品的使用性能，改进橡胶的工艺性能或降低成本。因而，混炼胶的质量控制对确保橡胶制品的工艺及使用性能意义重大。橡胶所用的配合剂主要包括硫化剂、硫化促进剂、助促进剂、防老剂、补强剂、填充剂、液体软化剂等。其中，硫化剂也叫固化剂、交联剂，是一种能使橡胶分子链交联成为硫化橡胶的配合剂，即使橡胶分子链发生交联反应，由线型结构转变为立体网络结构，使得橡胶可塑性降低，弹性强度增加，而硫磺是橡胶硫化时最常用的一种硫化剂；硫化促进剂是一种能增加硫化剂活性、缩短橡胶硫化时间的物质，可以利用不同促进剂的活性强弱及活性温度不同的特性，在一个体系中同时采用不同的促进剂，使它们能更协调地促进交联，提高促进效果；助促进剂也即活化剂，它在炼胶和硫化过程中起到活化的作用；防老剂多指抗氧剂，它可避免橡胶大分子在加工过程中发生氧化降解作用。橡胶中常常还会用到各种填料，其中，碳黑是最常用的一种活性填料，又称之为补强剂，橡胶中添加碳黑能够提高橡胶制品的力学性能；而像碳酸钙、硫酸钡等填料的加入，主要起到增容和降低成本的作用。液体软化剂，如机油，可改善橡胶的混炼加工性能和制品的柔软性。

混炼胶组分复杂,配合剂种类及用量对橡胶制品的性能都会产生影响。在进行橡胶混炼时,除了选择正确的配合剂外,还应注意各种配合剂的加料顺序,一般按如下顺序加入:先加入量少难分散的小料(促进剂、活化剂、防老剂),确保这些小料在橡胶中有足够长的时间进行分散,再加入量多易分散的配合剂(补强剂、填充剂),最后加入硫化剂。

常用的混炼加工设备有开炼机和密炼机,本实验使用开炼机。

3.2.3 仪器与原料

(1) 仪器

本实验所用仪器为 X(S)K-160B 型双辊筒开放式炼胶机、电子天平以及割刀。

(2) 原料

本实验所用原料有天然橡胶、硫磺、促进剂 M、硬脂酸、氧化锌、轻质碳酸钙、碳黑(HAF)、软化剂(30♯机油)、防老剂 4010NA。

3.2.4 实验步骤

(1) 检查辊筒上是否粘有杂物,如有杂物粘附或油污等污渍,实验前应及时清除干净,以免开机后轧坏辊筒或影响混炼胶质量。

(2) 清理辊筒下方的接料盘,确保其干净整洁。

(3) 按表 1 所示指导性配方称取规定重量的天然橡胶、促进剂、硫磺等组分(组分量供参考,学生可自己设计)。

表 1 指导性配方

组分	质量(g)	组分	质量(g)
天然橡胶	100	碳黑(HAF)	20
硫磺	3	轻质碳酸钙	30
促进剂 M	3	软化剂(30♯机油)	2
硬脂酸	2	防老剂 4010NA	1.5
氧化锌	5		

(4) 启动炼胶机,将辊筒的温度调整到 50~60 ℃之间,后辊辊温可以比前辊稍低些。

(5) 包辊:将塑炼胶放置在双辊的缝隙间,然后调整辊缝间隙大小,使塑炼胶既能包辊又能有部分堆积在两个辊筒之间,经 5 min 左右的塑炼操作后,使其均匀连续地包裹在前辊上,形成光滑无隙的包辊胶层;取下胶层,然后将辊隙调至1.5~2 mm,将胶层投入到辊缝处使其包于后辊上;最后将辊距调到所要求的下片厚度,切割下片。

(6) 吃粉:依次将促进剂 M、防老剂 4010NA、硬脂酸、氧化锌、碳黑(HAF)、轻质碳酸钙、软化剂(30♯机油)及硫磺加入到上述塑炼胶中。在加入促进剂 M、防老剂 4010NA、硬脂酸、氧化锌、软化剂(30♯机油)及硫磺过程中,均需捣胶 2~3 次;而在加入碳黑(HAF)、轻质碳酸钙时,应让粉料自然进入胶料中,使之与橡胶均匀接触混合,而不必急于捣胶,同时需逐步调宽辊隙,保持适当的堆积胶,待粉料全部吃进后再进行捣胶 2~3 次。

(7) 翻炼:在除硫磺之外的全部配合剂加完之后,对胶料进行多次翻炼,直至胶料颜色均匀一致、表面光滑为止。翻炼时可将辊距调至 0.5~1 mm,并将胶料或卷起或折成三角状或折叠,然后放在两辊之间。

(8) 下片:待胶料被混炼均匀后,适当调大辊距,辊压胶料出片。

3.2.5　实验数据记录与处理

(1) 实验条件
① 原材料名称:＿＿＿＿＿＿＿＿＿＿＿＿＿＿＿＿＿＿＿＿＿＿＿＿＿＿＿＿
② 实验温度:＿＿＿＿＿＿＿＿＿＿＿＿＿＿＿＿＿＿＿＿＿＿＿＿＿＿＿＿＿＿
③ 实验湿度:＿＿＿＿＿＿＿＿＿＿＿＿＿＿＿＿＿＿＿＿＿＿＿＿＿＿＿＿＿＿
④ 仪器型号:＿＿＿＿＿＿＿＿＿＿＿＿＿＿＿＿＿＿＿＿＿＿＿＿＿＿＿＿＿＿
⑤ 仪器生产厂商:＿＿＿＿＿＿＿＿＿＿＿＿＿＿＿＿＿＿＿＿＿＿＿＿＿＿＿
(2) 配方表(见表 2)

表 2　配方表

组分	质量(g)	组分	质量(g)
天然橡胶		碳黑(HAF)	
硫磺		轻质碳酸钙	
促进剂 M		软化剂(30♯机油)	
硬脂酸		防老剂 4010NA	
氧化锌			

(3) 吃粉过程中,加入碳黑(HAF)、轻质碳酸钙前捣胶次数为＿＿＿＿＿＿＿次;加入碳黑(HAF)、轻质碳酸钙后捣胶次数为＿＿＿＿＿＿＿次。

3.2.6　注意事项

（1）混炼过程中,硫化剂应最后加入。如果硫化剂提早加入,可能导致在混炼过程中就发生交联反应,而过长的混炼时间会使胶料烧焦,不利于后期的成型和硫化工序。

（2）混炼过程中严禁戴手套操作。

（3）使用炼胶机炼胶时,手一定不能接近辊缝;操作时双手尽量避免越过辊筒水平中心线上部,且送料时应握拳;炼胶时必须有 2 人以上在场,如遇到危险时应立即触动安全刹车;留长发的学生应事先戴好帽子,以免头发被卷入炼胶机中。

（4）在捣胶过程中,注意割刀应由中央处割向两端,用手撕扯胶料时应向下、向外方向进行,不能随着辊筒方向一起运动。

3.2.7　思考题

（1）混炼过程中,硫化剂应在什么阶段加入？为什么？

（2）混炼胶中常用的配合剂有哪几类？各种配合剂的作用是什么？

（3）橡胶的塑炼和混炼概念上的区别是什么？是先塑炼后混炼,还是先混炼后塑炼？

3.2.8　预习要求

（1）进一步了解开炼机的结构及工作原理。

（2）理解混炼和塑炼的区别,了解混炼胶中的各种配合剂及其作用。

（3）熟悉混炼胶中各种组分的加料顺序。

（4）理解包辊、吃粉、翻炼等基本操作方法。

3.3　橡胶的平板硫化实验

3.3.1　实验目的

（1）掌握橡胶硫化的本质及其影响因素,了解硫化对橡胶性能的影响。

（2）了解平板硫化机的基本结构及其操作方法。

（3）熟悉橡胶的平板硫化过程。

3.3.2　实验原理

橡胶制品种类繁多,其成型方法也有多种,例如压延、模压、压出等。在这些成型工艺中,有的得到的是已硫化定型的制品,有的则是尚未硫化的半成品,而这些半成品要最终成为具有使用性能的成品,必须再经过硫化。所谓橡胶的硫化,是指在一定的温度和压力下橡胶的线型大分子链经过一段时间的交联剂的作用而发生化学交联,最终形成三维网状结构的化学变化过程。橡胶的硫化实质是因为经过塑炼、混炼,橡胶的高分子链已变成较短分子链,再通过硫化,较短分子链可重新变成稳定的长链网状结构。

橡胶分子链在硫化前后的状态如图 4 所示。

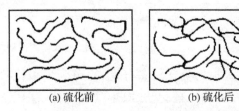

(a) 硫化前　　　　　　　　　(b) 硫化后

图 4　橡胶分子链硫化前后的网络结构示意图

影响橡胶硫化的主要因素包括:

(1) 硫化剂用量:硫化剂用量越大,硫化速度越快,橡胶可以达到的硫化程度也越高。硫磺是最常见的硫化剂之一,但硫磺在橡胶中的溶解度是有限的,过量的硫磺会由胶料表面析出,俗称"喷硫"。为了减少喷硫现象,要求在尽可能低的温度下或者至少在硫磺的熔点以下加硫。根据橡胶制品的使用要求,硫磺在软质橡胶中的用量一般不超过 3%,在半硬质胶中的用量一般为 20%左右,在硬质胶中的用量可高达 40%以上。

(2) 硫化温度:这是硫化工艺的一个重要指标,一般随着硫化温度的升高,橡胶制品的硫化时间将会缩短。如将温度升高 10 ℃,硫化时间可缩短一半左右。由于橡胶是不良导热体,制品在硫化过程中各部位的温度存在差异,从而使得各部位的硫化进程也会有所差别。为了保证得到比较均匀的硫化程度,厚橡胶制品的硫化一般采用逐步升温、低温长时间硫化的方式进行。

(3) 硫化时间:这也是硫化工艺的一个重要指标,若硫化时间过短,容易导致硫化程度不足(亦称欠硫);但硫化时间过长,则可能导致硫化程度过高(俗称过硫)。欠硫或过硫都会降低橡胶制品的性能。

橡胶一旦经过硫化,其塑形将会下降,伸长率、压缩永久变形降低,而弹性、耐热性等性能将增加,抵抗外力的变形能力将大幅度提高,同时物理机械性能、耐溶剂性能及耐化学腐蚀性能将得到明显改善,从而具有一定的使用价值。硫化是橡胶生产加工过程中的一个非常重要的阶段,也是最后的一道工序。

硫化过程中,橡胶的各种性能随硫化时间的增加有一定规律性的变化。如图5所示,随着硫化时间的增加,硬度、定伸强度和回弹性等逐渐增高,抗撕强度、伸长率和永久变形先增加后逐渐减小,可塑性逐渐下降。抗张强度的变化则随不同胶种和硫化体系而有不同的规律。对于天然胶,其抗张强度随硫化时间增加逐渐下降,而很多合成橡胶(如丁苯橡胶)的抗张强度并无这种下降的现象。这些规律都是由于在硫化过程中橡胶分子链产生交联及交联度不同所致。

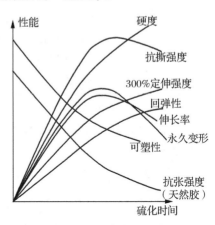

图5　硫化时间对橡胶性能的影响

硫化的方法很多,如果根据硫化设备分类,可分为平板机硫化法、硫化罐硫化法、个体硫化机硫化法、沸腾床硫化法、共熔盐硫化法、注压硫化法、微波硫化法、高能辐射硫化法等;如果根据硫化温度分类,可分为冷硫化法、室温硫化法及热硫化法三种,其中,热硫化法是目前大多数橡胶制品普遍采用的方法;如果按照硫化介质分类,可分为热水法、热空气法、热水与热空气的混合气体法及固体介质法等;如果根据生产的连续性进行分类,可分为间歇硫化法和连续硫化法二种。本实验采用平板硫化法。

平板硫化所用的设备叫平板硫化机,在工业生产中主要用于硫化平型胶带,如输送带、传动带等,它具有热板单位面积压力大、设备操作可靠、维修量少等优点,按工作层数有单层和多层之分。

橡胶的硫化操作是橡胶加工中最重要的工艺流程之一,硫化的好坏对硫化胶的性能影响很大。不同的硫化条件也会对橡胶制品的性能产生很大影响,因此,必须根据不同的橡胶配方、不同制品尺寸严格控制硫化条件:① 在原料方面,需合理选择硫化剂的种类和用量;② 在工艺方面,应严格控制硫化温度、硫化压力及硫化时间;③ 在设备方面,平板硫化机的热板应采用蒸汽加热或电加热(本实验所用硫化机平板为电加热),两块热板加热面应相互平行,模具型腔表面上的压强不低于3.5 MPa,模具表面的温度应分布均匀,同一热度内各点间、相邻热板对应位置点间的温差均不能超过1 ℃,热板中心处的最大温差要控制在±0.5 ℃以内。

3.3.3　仪器与原料

（1）仪器

本实验主要仪器为 QLB－400×400×2 平板硫化机（其结构与主要技术参数可查阅第 2.5 节）以及金属模具（阴、阳模）一副。

（2）原料

本实验所用原料为混炼好的胶料。

3.3.4　实验步骤

（1）检查油箱内部的液压油位是否合适；检查各连接部位，特别是支柱上下螺母有无松动、油管接头处是否连接牢固；检查电器元件的连接是否正确，接头处是否夹紧，电气箱的接地是否可靠；启动电动机，检查回转方向是否与油泵相符合；熟悉紧急刹车按钮位置，了解该按钮的使用方法。

（2）将混炼得到的厚胶片裁剪成块状，其面积略小于模具型腔的面积，但块状胶片的体积应略大于模具型腔的体积。

（3）根据设计好的制品硫化工艺条件调节平板硫化机液压系统的工作压力和加热模板的温度。

（4）将模具清理干净后，在阴模的型腔壁及阳模凸台处涂上脱模剂并晾干。

（5）将模具移至平板硫化机的上、下模板之间，并将上、下模板温度设置为 150 ℃（硫化温度），然后打开加热电源，将温度升至设定的 150 ℃并在此温度下预热 20～30 min。在模板升温过程中，模具温度随之升高。

（6）从加热板（动模板）上取出模具，打开上模，将已裁剪好的胶块装入模具的型腔中，然后立即盖上上模，再将装有胶块的模具重新放回到平板硫化机的加热板（动模板）上，并确保放置在加热板中央位置处。

（7）启动油泵电机，升起下热板（动模板）合模加压。当压力达到设定的硫化压力（1.5～2.0 MPa）时将模具卸压放气 3 次，然后保压，并开始记录硫化时间。

（8）本实验设定硫化时间为 15 min，在到达设定的硫化时间后除去压力，降下加热板（动模板），取出模具，开模后趁热取出橡胶试件。

（9）实验结束，关闭温度开关及设备电源等，并对模具及时清理后将模具放回指定的存放位置。

3.3.5　实验数据记录与处理

（1）硫化工艺条件（见表 3）

表 3   硫化工艺条件

工艺参数	硫化压力(MPa)	硫化温度(℃)	硫化时间(min)
实验数据			

(2) 硫化质量(见表 4)

表 4   硫化质量

质量评判指标	质量评判结果	原因分析
破损		
气泡		
变形		
颜色均匀性		
污模(粘接)		
喷霜		
机械划伤		
欠硫		
过硫		

3.3.6   注意事项

(1) 操作平板硫化机时必须有 2 人以上在场。

(2) 由于平板硫化机的模板及模具温度较高,操作时必须戴上手套,以防被烫伤,同时还要防止被模具砸伤。

(3) 实验过程中要注意安全,防止触电,且在加热板模上升过程中严禁将头、手等部位伸至加热板之间。

(4) 将模具放入加热板(动模板)中时,应将其放在加热板的中间位置,防止出现偏载的情况。

(5) 实验过程中应保证通风良好,工作环境应保持清洁,要防止脏物和水分进入油箱和电气箱。

(6) 实验结束后应清洁设备的外表面,必要时给各相对运动的部件(如导架与支柱、平台与支柱)间加油以保持良好的润滑。

(7) 硫化时,温度和压力必须严格控制,阴、阳模的温度尽可能保持一致。

3.3.7   思考题

(1) 为什么要对混炼好的橡胶进行硫化? 硫化的机理是什么?

(2) 简述橡胶平板硫化的主要工艺过程。

(3) 胶料的硫化工艺条件与硫化制品的性能有何关系？

(4) 为什么要将模具预热？硫化前为何要进行卸压放气？

3.3.8　预习要求

(1) 了解平板硫化机的基本结构及操作步骤。

(2) 了解橡胶硫化原理及方法。

(3) 了解平板硫化实验过程中的注意事项。

3.4　橡胶硫化曲线的测定实验

3.4.1　实验目的

(1) 理解橡胶硫化特性曲线测定的意义。

(2) 了解 ODR-100E 型橡胶硫化仪的基本结构、工作原理及操作方法。

(3) 掌握橡胶硫化特性曲线测定和正硫化时间确定的方法。

(4) 学会分析硫化曲线，掌握硫化各阶段的特征。

3.4.2　实验原理

硫化是橡胶制品生产中最重要的一道工艺流程，它是成型品在一定温度、压力和时间条件下经历了一系列的物理和化学变化形成交联网络结构的过程，其结果是使半成品失去塑性，同时获得高弹性和足够的强度，从而成为有用的材料。因此，硫化对橡胶及其制品是十分重要的。

在某一温度下，若将橡胶在硫化过程中的拉伸强度、扯断伸长率、定伸应力或硬度等某一物理性能对硫化时间作图可得到一条曲线，该曲线称之为硫化曲线。根据硫化曲线可以观察胶料硫化的整个历程，故又可称之为硫化历程曲线。

橡胶的硫化历程可分为焦烧阶段（硫化诱导期）、热硫化阶段、平坦硫化阶段（正硫化期）和过硫化阶段这四个阶段（如图 6 所示）。通过硫化曲线可以得出胶料的焦烧性能、硫化速率、最佳硫化时间、硫化平坦性以及抗过硫返原性能等。

(1) 焦烧阶段

图 6 中的 *ab* 段为焦烧阶段，又称之为硫

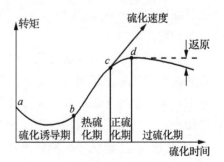

图 6　橡胶硫化历程曲线

化诱导期,是指橡胶在硫化开始前的延迟作用时间,此时胶料尚未开始交联,因而有充分的迟延作用时间进行混炼、压延、压出、成型及模压时充模等。硫化诱导期对橡胶加工生产安全至关重要,是生产加工过程的一个基本参数,焦烧时间越长,则加工过程越不易发生早期硫化的现象。焦烧时间的长短由胶料配方所决定,主要受促进剂的影响,操作过程中的热历程也是一个重要因素。

胶料的实际焦烧时间可分为两部分,即操作焦烧时间 A_1 和剩余焦烧时间 A_2。橡胶在加工过程中由于热积累效应所消耗掉的焦烧时间叫作操作焦烧时间,它的长短与胶料在加工过程中的翻炼次数、热炼程度、压延、压出操作过程等因素有关;而剩余焦烧时间是指胶料在模型中加热时保持流动性的时间。在操作焦烧时间和剩余焦烧时间之间没有固定的界限,一般随胶料操作和存放条件不同而变化。如果一个胶料经历的加工次数越多,操作焦烧时间越长,则剩余焦烧时间就越短,胶料在模具中流动的时间也越短。因此,一般胶料应避免经受反复多次的机械加工。

（2）热硫化阶段

图 6 中的 bc 段为热硫化阶段,即焦烧期以后橡胶开始交联的阶段。随着交联反应的进行,橡胶的交联密度近似线性增加,并逐渐形成网状结构,胶料的转矩(或强度等性能)急剧上升,但尚未达到预期的水平。bc 段曲线的斜率大小代表硫化反应速率的快慢,斜率越大,则硫化反应速度越快,生产效率越高。

（3）平坦硫化阶段

图 6 中的 cd 段为平坦硫化阶段,也称之为正硫化期。这一阶段硫化反应速度已经缓和下来,橡胶的交联密度达到最大。此时胶料的转矩或性能趋于稳定,各项物理机械性能均达到或接近最佳值,综合性能最佳。不同的生胶以及采用不同种类或用量的促进剂或防老剂,其硫化曲线中平坦硫化阶段的时间长短也随之不同。

（4）过硫化阶段

图 6 中 d 以后的部分为过硫化阶段,即正硫化以后继续硫化阶段。虽然交联反应和氧化及热断链反应贯穿于橡胶硫化的整个过程,但在过硫化阶段,氧化及热断链反应占主导地位,胶料的物理机械性能一般会下降,特别是对于天然橡胶来说更是如此。

达到正硫化状态所需的最短时间为理论正硫化时间,也称正硫化点。准确测定和选取正硫化点是确定硫化条件和获得产品最佳性能的决定因素。目前测定和选取正硫化点的方法一般是通过转子旋转振荡式硫化仪来实现,这类硫化仪能够连续地测定与加工性能和硫化性能有关的参数,包括初始粘度、最低粘度、焦烧时间、硫化速度、正硫化时间和活化能等。实际上硫化仪测定记录的是转矩值,通过转矩的大小来反映胶料的硫化程度。

硫化曲线的形状与实验温度和胶料特性有关。本实验测定的硫化曲线可以为橡胶平板硫化工艺的确定提供参考。

3.4.3　仪器与原料

（1）仪器

本实验所用仪器为 ODR – 100E 型橡胶硫化仪。该硫化仪是由微机控制转子旋转振动,其性能参数如下:

① 控温范围:室温～200 ℃;

② 升温时间:≤15 min;

③ 温度波动:≤±0.3 ℃;

④ 力矩量程:0～10 N・m（分设 5 N・m 和 10 N・m 二档）;

⑤ 力矩显示分辨率:0.01 N・m;

⑥ 摆动频率:1.7 Hz (100 r/min);

⑦ 摆动角度:±1°(±3°)。

（2）原料

本实验所用原料为橡胶混炼胶（胶料混炼后 2 h 即可以进行实验,但放置时间不得超过 10 天）。

3.4.4　实验步骤

（1）开车前准备

① 检查机器的机械、电气等方面有无异常;

② 打开外供气源或启动空压机,进入三联件的压缩空气的压力应不小于 0.5 MPa,进机压力为 0.45 MPa;

③ 装上打印纸(80 列),接通打印机;

④ 给机器接通电源。

（2）进行硫化试验

① 设定试验温度、试验时间、打印格式及打印数据要求;

② 合模、加热升温;

③ 准备试验胶料(试样直径约 40 mm,厚度约 6 mm,质量约 8 g);

④ 上下模腔温度稳定后开模、放胶;

⑤ 先按"合模"键,再按"试验"键,试验即自动开始(自动进行夹紧、启动电机、计时、打印)。

（3）结束试验

待试验曲线、数据打印完毕后，按以下步骤结束试验：

① 按"开模"键；

② 用扁圆头螺丝刀取出包裹着胶料的转子；

③ 清除模腔中及转子上的残留胶料；

④ 放回转子（注意放回密封圈）；

⑤ 按"合模"键，一轮试验结束；

⑥ 待上下模腔温度重新稳定时即可进行下一轮试验。

（4）重复试验

保持其他条件不变，利用同一种胶料分别进行几种不同温度下的硫化特性实验（即依次以 140 ℃、150 ℃、160 ℃、170 ℃和 180 ℃测定其硫化特性曲线）。

3.4.5 实验数据记录与处理

（1）实验数据记录

① 仪器型号：_____

② 胶料名称：_____

③ 胶料配方（见表 5）

表 5 胶料配方

组分	质量(g)	组分	质量(g)

④ 实验现象：_____

_____

_____

_____

_____

（2）实验数据处理（见表 6）

表 6　实验数据处理

项目 ＼ 序号	①	②	③	④	⑤
测试温度（℃）	140	150	160	170	180
最小转矩 M_L（N·m）					
最小转矩时间 T_L（min）					
最大转矩 M_H（N·m）					
最大转矩时间 T_H（min）					
焦烧时间 T_{10}（min）					
正硫化时间 T_{90}（min）					
硫化反应时间 $T_{90}-T_{10}$（min）					
$(M_H-M_L)\times10\%+M_L$（N·m）					
$(M_H-M_L)\times90\%+M_L$（N·m）					

3.4.6　注意事项

（1）在硫化仪内部进行取放样操作时必须戴上手套，避免被烫伤。

（2）不得使用金属工具接触模具型腔，模腔内无转子，严禁按"夹紧"键。

（3）每次试验结束应及时清理模腔中及转子槽内粘附的胶料，且在清理模腔时不能有废料落入下模腔孔内。

（4）如果所得到的硫化曲线不光滑，通常是由于密封圈漏胶所致，此时应对密封圈及时进行清理。若清理后仍无好转，则应更换新的密封圈。

3.4.7　思考题

（1）测定橡胶硫化特性有何实际意义？

（2）影响硫化特性曲线形状的主要因素是什么？

（3）从硫化曲线上可以得到哪些有用的信息？

（4）为什么说硫化特性曲线能近似地反映橡胶的硫化历程？

（5）什么叫硫化诱导期、热硫化期、正硫化期和过硫化期？

3.4.8　预习要求

（1）了解橡胶硫化机理及其意义。

（2）了解橡胶硫化仪的基本结构、工作原理及其操作步骤。

（3）了解实验所需要记录的数据。

3.4.9　附注:ODR-100E 型橡胶硫化仪

（1）设计原理

硫化仪是近年出现的专用于测试橡胶硫化特性的试验仪器,其设计原理如下:先将试验胶料放入具有规定压力并保持设定硫化温度的几乎密闭的试验模腔内,在该试样中嵌入了一个以一定频率(1.7 Hz)和振幅(±1°或±3°)振荡的双锥形圆盘(转子),圆盘的振荡使试样产生剪切应变,此时试样将对圆盘产生一个反作用力(转矩),而此力大小取决于胶料的刚度(剪切模量);随着硫化开始,胶料试样的刚度增大,当测力机构测出的反作用力(转矩)上升到稳定值或最大值时,通过记录仪(打印机)便得到一条转矩与时间的对应关系曲线,通常称为"硫化曲线"。该曲线的形状与试验温度和胶料特性有关。

（2）仪器功能设计

① 日期、时间等实时时钟设定、显示;

② 试验温度设定、显示;

③ 上下模腔温度控制、显示;

④ 试验时间设定、显示;

⑤ 打印格式设定、显示(分 PC 或 C 两种);

⑥ 不同打印数据设定、显示(分 PC 15/C 15 或 PC 36/C 36 两种);

⑦ 试验可在任意时间段自动结束或手动提前结束;

⑧ 打印结果重画、图形调整。

（3）仪器按键功能

① 按"温度"键:进行温度设定。可输入设定温度值的四位数字(最小单位为 0.1 ℃),再按"温度"键退出。

② 按"时间"键:设定试验(记录)时间。可输入 0～120 min 内的任意一种试验时间的三位数字,如 006(6 min),030(30 min),按"时间"键退出。

③ 按"试验"键:试验自动开始,达到设定时间时试验自动停止(若需提前结束试验,可按"结束"键)。

④ 按"重画"键:对试验过程曲线及数据重复输出打印,次数不限。

⑤ 按"+""时间"键*：进行实时时钟设定，分年、月、日和时、分两次设定，按"结束"键确认（通常为自动走时，不需专门设定）。如设定：17 年 6 月 18 日下午 5 时 18 分，先按"+""时间"键，输入 17,06,18，按"结束"键确认；再输入 17,18，再按"结束"键确认。

检查方法：按"结束"键，显示时钟运行情况，再按"结束"键退出。

⑥ 按"+""试验"键：选择打印格式，其中，PC 为打印曲线及数据；C 为不打印曲线，只打印数据。

⑦ 按"+""结束"键：选择不同打印数据，其中，PC 15/C 15 打印数据 T10、T50、T90；PC 36/C 36 打印数据 T30、T60、T90。

⑧ 按"+""温度"键：可将机器恢复成出厂状态。

⑨ 按"复位"键：当出现突发干扰信号时，先按此键，再按"+""温度"键即可恢复正常（或关机后重新开机）。

＊ 凡遇"+""某某"键组合时，"+"键必须"先按后放"，即按键顺序如下：按住"+"键 → 按"某某"键 → 放"某某"键 → 放"+"键→ 输入设定内容 → 按"+""某某"键退出。

第4章 复合材料的加工成型

4.1 玻璃纤维增强塑料(玻璃钢)矩形管的手糊成型实验

玻璃纤维增强塑料俗称玻璃钢,它是以玻璃纤维及其织物为增强材料,以不饱和聚酯树脂等合成树脂为基体复合而成的一种复合材料。根据产品的成本及性能等要求,玻璃钢在成型过程中还可以适当添加一些填料、助剂等,以达到降低成本、阻燃防火、导电等目的。玻璃钢具有轻质高强(相对密度在 $1.5\sim2.2$ g/cm³ 之间,只有碳素钢的 $1/5\sim1/4$,可是拉伸强度却接近甚至超过碳素钢,而比强度可以与高级合金钢相比)、耐腐蚀(对大气、水和一般浓度的酸、碱、盐以及多种油类和溶剂都有较好的抵抗能力)、电性能好(高频下仍能保持良好介电性,且不反射无线波、不受电磁的作用、微波透过性良好)、热导率低[室温下为 $1.25\sim1.67$ kJ/(m·h·K),只有金属的 $1/1\,000\sim1/100$,是优良的绝热材料,在瞬时超高温情况下是理想的热防护和耐烧蚀材料,能保护宇宙飞行器在 $2\,000$ ℃以上承受高速气流的冲刷]、热膨胀系数小(与一般金属接近)、可设计性好(结构可设计、性能可设计、外观可设计、原料可设计、成型工艺可设计等)及工艺性优良等优点,已被广泛应用于石油化工、市政工程、交通运输、装修装饰等众多领域。

4.1.1 玻璃钢矩形管模具的制作实验

4.1.1.1 实验目的

(1)了解玻璃钢成型用模具的种类及不同材质模具各自的优缺点。

(2)掌握矩形管木质模具的制作方法。

(3)通过矩形管木质模具的制作过程掌握玻璃钢成型用模具制作过程中应注意的事项。

4.1.1.2 实验原理

生产玻璃钢制品时必须使用模具,而所谓模具,是指一种有一定形状与尺寸的型腔工具。在玻璃钢成型过程中,液态的树脂或填充至模具的型腔内,或涂覆在模具外表面,和玻璃纤维等增强材料复合即可生产出具有特定的形状、尺寸、功能和质量的玻璃钢制品。

制作玻璃钢用的模具须满足以下基本要求:

① 材料易得且价格较低;

② 具有足够的刚度及强度,在使用过程中不会发生变形;

③ 具有良好的耐腐蚀性能,在玻璃钢成型过程中不会被树脂及其他小分子添加剂侵蚀;

④ 脱模容易并具有足够长的使用周期;

⑤ 尺寸精度高,表面光洁度能满足目标产品的要求。

根据所用材质的不同,用于玻璃钢成型的模具种类可分为多种,例如金属模、水泥模、木模、石膏模、玻璃钢模等。不同材质的模具具有各自的优缺点,因而适用于不同的场合。比如:

① 金属模:能进行表面打磨、电镀、抛光等,表面光洁度和尺寸精度高,且强度大、模量高,可承受较高的成型压力不变形以及多次反复使用;但金属模一般比较重,搬运不方便,表面需进行防锈处理,一次性投资成本高。因此,金属模大多用于在固定的场所进行定型产品的多次生产上。

② 水泥模:加工制作较方便,且成本低、形状灵活多变、刚性好、坚固耐用;但其成型后一般不能移动,表面较粗糙。和金属模一样,水泥模大多用于在固定的场所进行某种产品的多次生产上,但可重复使用次数少于金属模。

③ 木模:加工制作方便、成本低、形状灵活多变、具有较高的硬度且变形小;但木模不耐用,表面一般需要进行封孔处理,在潮湿环境中可能会吸湿变形,在高温条件下还可能会开裂等。木模一般用于非定型产品的较少重复次数的生产上,且所生产的产品的尺寸一般较小,通常是作为其他模具的补充,一般不能作为主要模具使用。

④ 石膏模:材料易得且价格低廉,可制作出各种造型的模具;但其强度较低,抗冲击性能差,使用前需进行干燥,模具表面需进行封孔处理。石膏模一般用于生产结构简单的大件制品或一些结构形状复杂、脱模困难的小型异形玻璃钢制品。在制作玻璃钢制品时,石膏模具可重复使用的次数很少,大多是一次性使用。

⑤ 玻璃钢模:制作周期短、上马快、成型方便、质量轻、强度较高、刚性较大、耐腐蚀且维护方便;但成本较高,一些大型的玻璃钢模具还易翘曲变形。玻璃钢模具通常适用于生产表面光洁度要求高、批量较大的中小型玻璃钢复杂制品。

4.1.1.3 仪器与原料

本实验无需使用仪器,所用工具为钢锯、锤子和裁纸刀,所用原料有木方(5 cm×5 cm)、三合板,另外需要铁钉若干。

4.1.1.4 实验步骤

(1) 取木方 1 根,利用钢锯从中切出 20 cm 长的木段 4 根。

(2) 利用钢锯或裁纸刀从三合板上加工 25 cm×20 cm 的长方形板材 4 块。

(3) 利用木段作为内支撑,按照图 1 所示,使用铁钉将上述 25 cm×20 cm 长方形三合板依次固定在木段上(相邻两块三合板分别固定在木段相互垂直的两个侧面上)。

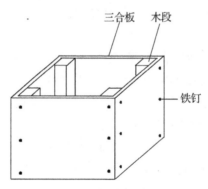

图 1 矩形管模具的结构

(4) 用裁纸刀将模具周边毛刺削去,确保模具表面及拐角处光滑。

4.1.1.5 实验数据记录与处理

(1) 木段尺寸:_____

(2) 三合板长方形板材尺寸:_____

(3) 矩形管模具的规格尺寸:_____

4.1.1.6 注意事项

(1) 使用钢锯、裁纸刀及锤子等工具时应注意安全,切勿伤及自己或别人。

(2) 为了确保模具表面平整,进而保证后续手糊玻璃钢制品的质量,固定三合板长方形板材的木段的两个侧面表面应平整、光滑,否则应进行加工处理,确保三合板长方形板材能完全稳定地贴合在其表面上。

（3）好的模具应稳固、不易变形，若发现制作的模具稳定性较差，可以增加木段的使用数量。

4.1.1.7 思考题

（1）哪些类型材的料可用来制作玻璃钢的模具？各种材质制作的模具各有何特点？

（2）模具在玻璃钢制品生产过程中所起的作用是什么？

4.1.1.8 预习要求

（1）了解哪些材料可以制作成玻璃钢用模具以及各种材质模具的优缺点。

（2）掌握木质矩形管模具的制作方法。

（3）了解各种材质模具的适用范围。

4.1.2 不饱和聚酯树脂的凝胶、固化实验

4.1.2.1 实验目的

（1）了解不饱和聚酯树脂的结构及其固化机理。

（2）了解不饱和聚酯树脂的固化配方体系及各组分的作用。

（3）掌握不饱和聚酯树脂凝胶时间及固化时间的试验方法。

4.1.2.2 实验原理

不饱和二元酸（或酸酐）与二元醇或者饱和二元酸与不饱和二元醇在190～220 ℃的温度范围内经过缩合反应生成线型的、具有酯键与不饱和双键的聚酯，在聚酯化缩聚反应结束后，趁热加入一定量的乙烯基单体（如18%～40%苯乙烯或苯乙烯和甲基丙烯酸甲酯的混合物）配成粘稠的液体，从而得到不饱和聚酯树脂。通过对反应过程中酸值（或粘度）的控制，可以得到不同相对分子质量的聚酯。

不饱和聚酯树脂种类较多。根据树脂的使用用途来分，不饱和聚酯树脂可分为缠绕树脂、喷射树脂、RTM树脂、拉挤树脂、SMC树脂、BMC树脂等；根据树脂的结构来分，用作复合材料基体的不饱和聚酯树脂可分为邻苯二甲酸型（简称邻苯型）不饱和聚酯树脂、间苯二甲酸型（简称间苯型）不饱和聚酯树脂、双酚A型不饱和聚酯树脂、乙烯基酯型不饱和聚酯树脂、卤代不饱和聚酯树脂等；根据树脂的性能特性来分，可分为通用型不饱和聚酯树脂、耐热型不饱和聚酯树脂、耐化学腐蚀

型不饱和聚酯树脂、光稳定型不饱和聚酯树脂、自熄型不饱和聚酯树脂等。其中，通用型不饱和聚酯树脂大多为邻苯酸酐型，成本较低，综合性能较好，但强度相对较低，适用于制作强度要求不太高的玻璃钢制品；耐热型不饱和聚酯树脂浇注体具有较高的热变形温度，适用于制作较高温度下使用的玻璃钢制品；耐化学腐蚀型不饱和聚酯树脂，如双酚 A 型不饱和聚酯树脂、乙烯基酯型不饱和聚酯树脂可耐多种酸、碱、盐及溶剂的腐蚀，但不同的树脂对不同的介质耐腐蚀性能彼此也有差别；自熄型不饱和聚酯树脂结构中大多含有卤素原子，是一种由氯茵酸酐（HET 酸酐）作为饱和二元酸（酐）合成得到的一种不饱和聚酯树脂。

为了让不饱和聚酯树脂固化，一般需要使用固化剂。固化剂又称为引发剂、催化剂，俗称白配方，是一种能使单体分子或含有双键的线型高分子活化而成为游离基并进行连锁聚合反应的物质。不饱和聚酯树脂所用固化剂都是过氧化物，属于易燃易爆品。若按成品计算，其使用量一般为树脂的 1% 左右。在不饱和聚酯树脂中单独加入固化剂并利用加热使其固化时，因反应诱导期长，且反应一旦开始便大量放热导致反应难以控制、反应开始后粘度剧增导致反应不完全等，所以在实际生产过程中常配合使用促进剂。所谓促进剂，是一种能够促使固化剂在其临界温度以下形成自由基（即实现室温固化）的物质，一般可分为三类：① 对过氧化物如过氧化苯甲酰（BPO）有效的促进剂，如二甲基苯胺、二乙基苯胺、二甲基对甲苯胺等；② 对氢过氧化物如过氧化环己酮等有效的促进剂，大多为具有变价的金属皂（俗称红配方），如环烷酸钴、萘酸钴等；③ 对前二者均有效的促进剂，如十二烷基硫醇等。

不饱和聚酯树脂从线型粘流态树脂体系通过交联反应转变成不溶不熔、具有三维网络结构的体形状态的过程称为固化反应。不饱和聚酯树脂的固化反应属于自由基聚合反应，其历程分为链引发、链增长、链终止和链转移。

（1）链引发

链引发是从过氧化物引发剂分解形成游离基到这种游离基加到不饱和基团上的过程。一般可用有机过氧化物或氧化-还原体系进行引发，例如过氧化二苯甲酰、过氧化甲乙酮-萘酸钴等，也可采用紫外光引发或加热引发。

游离基型聚合的活性中心是游离基，它可以通过固化剂的热分解来获得：

$$I \rightarrow 2R \cdot \tag{4.1}$$

式中，I 表示引发剂分子，其分解为初级自由基 R·。所生成的初级自由基 R·能引发不饱和聚酯和交联剂的交联固化反应：

$$R \cdot + M \longrightarrow RM \cdot \tag{4.2}$$

式中,M 表示不饱和聚酯或交联剂单体分子。初级自由基 R·攻击单体分子 M 生成了单体自由基 RM·,完成链引发过程。初基自由基 R·和单体分子结合后最终存在于聚合物分子的末端,这点已为实验所证实。式(4.2)的反应较式(4.1)的反应容易,因此链引发的速度主要取决于固化剂的分解速度。

(2) 链增长

链增长是单体不断地加合到新产生的游离基上的过程。与链引发相比,链增长所需的活化能要低得多。单体分子经引发成单体自由基后立即与其他分子反应,进行链锁聚合,形成一个长链自由基,即

$$RM \cdot + M \longrightarrow RM_2 \cdot$$
$$RM_2 \cdot + M \longrightarrow RM_3 \cdot$$
$$\vdots$$
$$RM_{n-1} \cdot + M \longrightarrow RM_n \cdot$$
$$\vdots$$

当乙烯类单体和不饱和聚酯中的双链引发后就进行链增长反应。链增长反应为放热反应,而且链增长的反应速度极快,反应可在短时间内完成。

(3) 链终止

聚合物的活性链增长到一定程度就会失去活性停止增长,此时称为链的终止。链终止的方式有两种:

① 偶合终止:两个自由基相互结合生成一个大分子,其相对分子质量为两个活性键相对分子质量之和,即

$$2RM_n \cdot \longrightarrow RM_n{-}M_n R$$

或

$$RM_n \cdot + R \cdot \longrightarrow RM_n R$$

② 歧化终止:两个自由基相互结合,伴随着氢原子的转移,生成两个聚合物分子。其中,一个分子的末端是饱和的,另一个分子在末端具有不饱和双键,分子链长没有变化。

综合以上情况,不饱和聚酯树脂的固化反应可用下面的化学方程式表示:

$$RCH_2{-}CH_2 \cdot + RCH_2{-}CH_2 \cdot \longrightarrow R{-}CH_2{-}CH_3 + R{-}CH{=}CH_2$$

(4) 链转移

链转移是指一个增长着的大的游离基能与其他分子,如溶剂分子或抑制剂发

生作用,使原来的活性链消失成为稳定的大分子,同时原来不活泼的分子变为游离基。

在固化过程中,不饱和聚酯树脂体系中发生的化学反应包括以下三个方面,即乙烯基单体与聚酯分子之间的反应、乙烯基单体之间的反应以及聚酯分子与聚酯分子之间的反应。而不饱和聚酯树脂的固化过程又可分为三个阶段,分别是凝胶阶段、硬化阶段和熟化阶段。

① 凝胶阶段:自树脂中加入固化剂、促进剂开始算,经树脂发热、发粘,直到凝结成半固体状态而失去流动性,这一阶段所对应的时间称为凝胶时间。影响树脂凝胶时间的因素较多,例如阻聚剂、固化剂、促进剂的用量,环境温度、湿度,制品的大小、厚度等。在相同的生产环境下,树脂的凝胶时间一般是通过控制固化剂和促进剂的使用量来实现的。手糊成型玻璃钢制品时,一般希望胶液在糊制完成后稍微停留一段时间再凝胶。如果凝胶时间过短,施工尚未完成树脂就已失去流动性,会使纤维未能得到很好浸润而影响制品的质量;反之,长时间不凝胶将导致成型后树脂胶液的流失和交联剂的挥发,使制品内部出现缺胶、发白等现象,纤维不能被充分润湿,产品固化不完全,强度降低。因此,在制作玻璃钢制品时先要根据制品的厚度和大小来确定凝胶时间。

② 硬化阶段:又叫定型阶段,是指树脂开始凝胶到具有足够硬度和一定的形状,能把制品从模具中取出的阶段。在该阶段树脂仍处于反应中,固化尚不完全,性能还不稳定,树脂与某些溶剂(如乙醇、丙酮等)接触时能溶胀但不能溶解,加热时可以软化但不能完全熔化。这一阶段一般需要几十分钟至几小时。

③ 熟化阶段:也称为后固化阶段,是指经过硬化阶段后,制品在室温下放置足够长的时间或进行高温处理直至达到所要求的硬度,并具有稳定的物理与化学性能可供使用的阶段。经过熟化之后,线型聚酯已完全交联成三维网络结构,既不溶解也不熔融。室温熟化阶段时间通常较长,往往需要几天或几星期甚至更长的时间。为了缩短熟化时间,必要时可在较高的温度下进行后固化处理。

4.1.2.3 仪器与原料

(1) 仪器

本实验所用仪器如下:① 胶头滴管,2 只;② 电子天平(0.1 mg),1 台;③ 玻璃棒,1 根;④ 温度计(200 ℃),1 支;⑤ 秒表,1 块。另外,还需要一次性塑料杯若干只。

(2) 原料

本实验所用原料为不饱和聚酯树脂、萘酸钴、过氧化甲乙酮。

4.1.2.4　实验步骤

（1）取一次性塑料杯 1 只并置于电子天平上，去皮。

（2）利用上述一次性塑料杯称取 100 g 不饱和聚酯树脂，精确至 0.1 g。

（3）取两只胶头滴管，分别做上不同的标记。

（4）用其中一只胶头滴管吸取萘酸钴，并缓慢逐滴加入到不饱和聚酯树脂中。萘酸钴滴加量为 1.0 g，精确至 0.1 g。

（5）从天平上取下一次性塑料杯，用玻璃棒进行搅拌，使萘酸钴在不饱和聚酯树脂中均匀分散。

（6）将上述一次性塑料杯再次放到电子天平上，取另外一只胶头滴管吸取过氧化甲乙酮，然后滴加 1.0 g（精确至 0.1 g）到不饱和聚酯树脂中，并随即从天平上取下塑料杯，迅速搅拌均匀，接着插入温度计，同时开始计时。

（7）开始时，每隔 2 min 记录一下温度；当发现温度有明显上升趋势时，每隔 10 s 记录一下温度；直至温度达到最高值后并重新下降到接近室温时，每隔 2 min 记录一下温度；当连续三次温差在 1 ℃ 以内时，停止计时。实验过程中，用玻璃棒测试树脂流动情况，并记下出现拉丝状态时的时间（即为凝胶时间）。

（8）根据上述步骤的实验结果，改变萘酸钴和过氧化甲乙酮的滴加量，重复上述实验。

4.1.2.5　实验数据记录与处理

（1）环境温度：_____；相对湿度：_____。

（2）不饱和聚酯树脂质量：_____；萘酸钴质量：_____；过氧化甲乙酮质量：_____。

（3）根据表 1 中数据，以时间为横坐标、温度为纵坐标作图，并根据图形分析不饱和聚酯树脂在不同配方情况下的固化曲线。

表 1　温度数据

时间(min)	2	4	6	···		
温度(℃)						

凝胶时间：_____min；放热峰时间：_____min。

4.1.2.6　注意事项

（1）不饱和聚酯树脂应在阴暗避光处保存，使用时取出，取完样后剩余的应及时重新放回阴暗避光处。

（2）添加配方的顺序是先加萘酸钴，后加过氧化甲乙酮。当树脂中加入萘酸钴后应及时搅拌均匀，然后再加入过氧化甲乙酮。

（3）萘酸钴和过氧化甲乙酮直接相遇将发生剧烈反应，严重时可能导致火灾、爆炸等，因此两者之间应保持足够的安全距离。

（4）树脂在固化反应之前有一个较长的诱导期，但一旦反应开始便会十分迅速，因此在实验过程中必须时刻注意观察温度的变化。

（5）在制作玻璃钢制品时，因为实验者操作技能上的差异，不饱和聚酯树脂中过氧化甲乙酮和萘酸钴可以采用不同的添加比例，以确保不同操作者能够在恰当的时间内完成实验。

4.1.2.7　思考题

（1）不饱和聚酯树脂固化体系中，过氧化甲乙酮和萘酸钴的作用分别是什么？

（2）何为凝胶时间？何为硬化时间？制作玻璃钢制品时，哪种时间对制作过程影响更大？

（3）不饱和聚酯树脂固化机理是什么？

（4）为什么不饱和聚酯树脂一般需要避光低温保存？

4.1.2.8　预习要求

（1）了解不饱和聚酯树脂的基本结构。

（2）掌握不饱和聚酯树脂的固化机理。

（3）了解不饱和聚酯树脂常用的固化体系。

（4）掌握不饱和聚酯树脂凝胶时间和固化时间的测定方法。

（5）了解不饱和聚酯树脂凝胶时间和固化时间的区别。

4.1.3　玻璃钢矩形管的手糊成型实验

4.1.3.1　实验目的

（1）了解玻璃钢的不同类型的成型工艺。

（2）掌握玻璃钢手糊成型工艺的过程及基本操作。

（3）了解玻璃钢手糊成型工艺的优缺点。

4.1.3.2　实验原理

纤维增强不饱和聚酯树脂复合材料主要由两种材料组成，即起粘结剂作用的不饱和聚酯树脂(UP 树脂)和起增强作用的纤维或织物,此外还可加入各种填充料、触变剂、色料等。填充料、触变剂和色料的作用主要是改变增强塑料的物理机械性能、外观和加工性质等。常用的填充料有粉末、颗粒、晶须、空心微珠等,根据具体使用要求,选用不同的填充料可使增强塑料具有阻燃、导电等特性;使用触变剂可减少大型制件垂直直面和斜面胶液的流失;色料可使增强塑料具有各种外观颜色。

增强塑料中虽然使用了纤维或织物及其他填充料、助剂,但其成型固化实际上取决于树脂胶液的固化。但不容忽视的是,有些填充料、助剂对胶液的固化速度是有影响的。

不饱和的聚酯树脂一般是由不饱和二元酸(或酸酐)、饱和二元酸(或酸酐)与二元醇进行缩聚反应而得的线型聚合物,其化学结构式为

$$\left[O-R-O-\overset{\displaystyle O}{\overset{\displaystyle \|}{C}}-R'-\overset{\displaystyle O}{\overset{\displaystyle \|}{C}} \right]_x O-R-O \left[\overset{\displaystyle O}{\overset{\displaystyle \|}{C}}-CH=CH-\overset{\displaystyle O}{\overset{\displaystyle \|}{C}} \right]_y$$

或

$$\left[R-\overset{\displaystyle O}{\overset{\displaystyle \|}{C}}-R'-\overset{\displaystyle O}{\overset{\displaystyle \|}{C}}-O \right]_x \left[R-O-\overset{\displaystyle O}{\overset{\displaystyle \|}{C}}-CH=CH-\overset{\displaystyle O}{\overset{\displaystyle \|}{C}}-O \right]_y$$

式中,R,R′分别表示二元醇及饱和二元酸中的二价烷基或芳基;x,y 是不饱和聚酯分子中所示的重复数目;聚酯分子的端基是—OH 或—COOH。当所使用的不饱和二元酸和饱和二元酸的物质的量相同时,上述结构式可改写为

$$\left[O-R-O-\overset{\displaystyle O}{\overset{\displaystyle \|}{C}}-R'-\overset{\displaystyle O}{\overset{\displaystyle \|}{C}}-O-R-O-\overset{\displaystyle O}{\overset{\displaystyle \|}{C}}-CH=CH-\overset{\displaystyle O}{\overset{\displaystyle \|}{C}} \right]_x$$

通常不饱和聚酯树脂的分子量在 2 000～3 000 之间,聚合度在 15～25 之间。

聚酯树脂在合成聚合到指定酸值时,需要加入一些单体,主要有苯乙烯、甲基丙烯酸甲酯、邻苯二甲酸二丙烯酯、三聚氰酸三丙烯酯等,并不断搅拌降温,直到形成均匀的不饱和聚酯树脂单体溶液(胶液)。

加入树脂中的上述单体物质中都含有活泼的不饱和双键,在一定条件下能与不饱和聚酯中的双键起加成聚合作用,从而使线型聚酯交联成网状结构而固化,所以单体又可成为不饱和聚酯树脂的交联剂,它的结构、性质及用量也影响交联聚酯树脂的物理和化学性质。

不饱和聚酯与单体形成树脂胶液后,在固化剂或(和)热的作用下发生共聚合

反应,聚酯分子中的不饱和双键与单体中的不饱和双键起加成作用,形成网状型的均匀聚合物。如果交联固化前树脂胶液中浸润了玻璃纤维和织物,则可制造玻璃纤维增强热固性塑料,即玻璃钢。

玻璃钢制品的成型工艺有多种,主要包括缠绕成型、模压成型、拉挤成型、RTM 成型、离心浇铸成型、手糊成型等。在众多成型工艺中,手糊成型是一种设备投资最少、机械化程度最低,但又非常重要的一种成型工艺。

手糊成型又叫接触成型,是最早使用的一种玻璃钢制品成型工艺。它采用手工作业,先在涂好脱模剂的模具上涂刷树脂混合物,然后在其上铺贴一层按设计要求裁剪好的纤维材料,辊压排除气泡后再涂刷树脂混合物,接着再铺设第二层纤维材料,如此反复,直至达到所设计的产品厚度为止,再在一定的压力和温度条件下进行固化,最后脱模得到所需的产品。手糊成型产品的质量在很大程度上依赖于作业者的操作技能,因而所得制品质量稳定性相对较差。另外,相比于其他机械化成型工艺,手糊成型还存在生产周期长、劳动强度大、环境卫生条件差等缺陷。但该工艺无需专用成型设备,投资成本低,成型模具简单,投入少,工人经过训练后能生产其他工艺无法实现的相当高难度的制品,且操作方便,可在用户现场进行施工,不受尺寸大小限制,产品形状可灵活多变,可在制品任意部位增补增强材料以满足制品设计要求。因此,手糊成型工艺既适用于生产变化较多且只需少量生产的大型制品,同时可以作为其他工艺的补充,与其他工艺一道更好地满足更广泛的市场需要。

手糊成型玻璃钢制品一般需经过模具制作、配方调制及手工糊制等不同阶段,其工艺流程如图 2 所示。

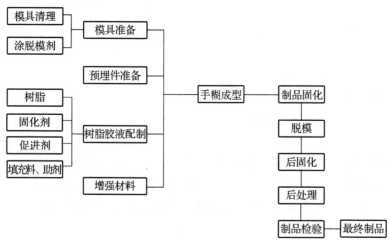

图 2 手糊成型玻璃钢制品的工艺流程

不饱和聚酯树脂的固化过程是由线型大分子通过交联剂的作用形成体形立体网络的过程,此过程并不能消耗树脂中全部活性双键而达到100%的固化度,也就是说树脂的固化很难达到完全,其原因在于固化反应的后期,体系粘度急剧增加使得分子扩散受到阻碍。一般在材料性能趋于稳定时,便可认为是固化完全了。树脂的固化程度(即固化度)对玻璃钢性能影响很大,固化程度越高,玻璃钢制品的力学性能和物理、化学性能越能得到充分发挥。

影响固化度的因素有很多,树脂本身的组分、固化剂与促进剂的量、固化温度、后固化温度和固化时间等都可以影响聚酯树脂的固化度。

4.1.3.3 仪器与原料

(1) 仪器

本实验除使用第4.1.2节实验所用仪器外,其他所用器具如下:① 木质矩形管模具,1副;② 毛刷,1只;③ 压辊,1只;④ 剪刀,1把;⑤ 塑料盆,1只。

(2) 原料

本实验所用原料如下:① 过氧化甲乙酮;② 萘酸钴;③ 不饱和聚酯树脂;④ 玻纤毡($450\ g/m^2$,$82\ cm \times 20\ cm$),2张;⑤ 玻纤布($300\ g/m^2$,$82\ cm \times 20\ cm$),6张。另外,还需1卷米拉薄膜及1卷胶带。

4.1.3.4 实验步骤

(1) 利用剪刀从米拉薄膜卷中剪取$85\ cm \times 20\ cm$米拉薄膜2张。

(2) 取出第4.1.1节实验制作好的木质矩形管模具,放置在操作平台上。

(3) 取$85\ cm \times 20\ cm$米拉薄膜1张,缠绕并贴服在木质矩形管模具的四周外表面上,并有$5\ cm$的搭接,再利用胶带将搭接处粘牢固定。

(4) 分别称取玻纤毡和玻纤布的质量为m_1 g和m_2 g,按照质量比玻纤毡:树脂$=3:7$和玻纤布:树脂$=4:6$,累计称取树脂$(7m_1/3 + 3m_2/2)$g。

(5) 根据第4.1.2节实验配方的实验结果,选择凝胶时间约为$30\ min$的配方体系,按照先滴加红配方、搅匀,再滴加白配方、搅匀的顺序,往不饱和聚酯树脂中加入红、白配方。

(6) 用毛刷蘸上不饱和聚酯树脂,均匀涂刷在模具表面的米拉薄膜上,确保薄膜表面被不饱和聚酯树脂均匀覆盖。

(7) 取玻纤毡1张,缠绕并包覆在模具表面的薄膜上,同时用压辊滚动挤压玻纤毡,使预涂在薄膜表面的不饱和聚酯树脂充分浸润玻纤毡。

(8) 用毛刷蘸上不饱和聚酯树脂,再在玻纤毡表面上涂刷一层树脂,然后缠绕上第二张玻纤毡。

(9) 采用上述类似方法,再完成 6 张玻纤布的缠绕。

(10) 在最外层玻纤布的表面再次涂刷一层树脂后,将事先已准备好的第二张米拉薄膜缠绕在产品的最外层,轻轻挤压薄膜,确保其与树脂完全贴服,之间没有气泡、缺胶区域存在。

(11) 在室温固化 24 h 后,将产品从模具上脱下(可采用破坏模具的方式),再在 80 ℃环境下后固化 2 h 后,将产品自然冷却至室温。

(12) 揭去产品表面薄膜,修整产品毛边。

4.1.3.5 实验数据记录与处理

(1) 实验条件

环境温度:＿＿＿＿＿＿＿＿＿＿;相对湿度:＿＿＿＿＿＿＿＿＿＿。

(2) 配方与组成(见表 2)

表 2　配方与组成

组分	不饱和聚酯树脂	萘酸钴	过氧化甲乙酮	玻纤毡	玻纤布	其他	
质量(g)							

4.1.3.6 注意事项

(1) 树脂自身粘度较高,实验过程中应尽量不要让树脂洒落在操作台及衣服上,操作时应戴上塑料或橡胶手套。若有树脂洒落在操作台或衣服上,应及时擦拭干净,并用丙酮或加洗衣粉的开水及时清洗。特别是加入了固化剂和促进剂后的树脂,如果不及时清洗,一旦树脂固化,再进行清洗将变得十分困难。

(2) 往树脂中滴加红、白配方时,应先滴加红配方,搅拌均匀后再滴加白配方;盛装红、白配方的容器间应保持足够的距离,以防止容器泄漏致使二者直接混合后发生剧烈反应而引起火灾、爆炸。

(3) 在制作表面光洁度要求很高的制品时,可在模具上先涂刷一层胶衣树脂。因胶衣树脂有触变性,使用时要充分搅拌,且涂层厚度应控制在 0.25～0.4 mm。当胶衣层开始凝胶时,立即糊制玻璃钢,待完全固化后脱模。使用胶衣树脂时,还应防止胶衣层和玻璃钢之间有污染或渗进小气泡。

(4) 铺糊施工过程中必须精心操作。糊制前,先要检查模具是否漏涂;在有胶衣层时,则要检查胶衣层是否凝胶(要达到软而不粘手)等。检查合格后再开始铺糊,要先刷胶,然后铺玻纤毡、玻纤布等增强材料,并用压辊对其不断进行辊压,直至把气泡赶净,并确保增强材料紧紧贴服在树脂上,且树脂在增强材料上均匀分布,直至达到设计厚度。

（5）糊制有嵌件的制品时,金属嵌件必须经过酸洗、去油才能保证和制品牢固粘结。为了使金属嵌件的几何位置准确,需要先在模具上定位。

（6）在模具表面及手糊玻璃钢外表面均使用了一层米拉薄膜,两张薄膜表面必须平整,薄膜和纤维材料结合处必须有足够量的树脂,否则会导致制品内、外表面出现凹坑、皱褶等质量缺陷。如果制品手糊完成后外表面没有覆盖米拉薄膜,则由于空气的阻聚作用可能导致树脂表面不能完全固化而表现出粘手现象。

（7）手糊制品常采用室温固化,但周期较长,特别在较低的环境温度下,达到使用要求所需要的固化时间更长。有时为了缩短固化周期,提高生产效率,可进行高温后固化处理,但高温后固化处理必须在室温固化一段时间（一般为 24 h）后方可进行。

（8）当制品固化到一定强度后方可进行脱模。本实验中,如果直接从模具上不能将制品取下,可采用破坏模具的方式进行脱模。但操作过程中应注意不要损坏制品的内外表面,不能直接用锤子等工具用力敲砸制品。

（9）当发现糊制的制品有缺胶等缺陷时,应在制品固化后将有质量缺陷的部分打磨拉毛,然后再进行手工糊制修复,

4.1.3.7　思考题

（1）手糊成型操作过程中的关键点有哪些?

（2）如果手糊完成后没有在制品最外层使用米拉薄膜,可能会出现什么现象?为什么? 为防止此现象发生,除了使用米拉薄膜外,有无其他方法?

（3）手糊成型工艺的优缺点分别有哪些?

（4）对于有质量缺陷的手糊制品,如何进行修复?

4.1.3.8　预习要求

（1）熟悉玻璃钢手糊成型工艺的过程。

（2）熟悉玻璃钢的基本组分及各组分的作用。

（3）了解影响玻璃钢制品质量的因素。

（4）了解手糊成型工艺的优缺点。

4.1.3.9　附注:玻璃钢其他常见的成型工艺

（1）缠绕成型

所谓缠绕成型,是将树脂及固化剂、促进剂混合均匀后盛装在浸胶槽中,连续纤维(或布带、预浸纱)在经过浸胶槽时被树脂浸润,然后经过绕丝嘴按照一定的规律缠绕到芯模上。随着芯模的不断旋转,浸胶纤维便被不断地缠绕到芯模上。芯模快速旋转时,如果绕丝嘴沿垂直地面方向缓慢地上下移动,则可实现环向缠绕;如果绕丝嘴以一定的角度移动,则可实现螺旋缠绕。经过往返缠绕直至达到设计的厚度,然后经固化、脱模,便获得中空制品。

缠绕成型主要用于成型玻璃钢管道、储罐等中空容器。

（2）模压成型

所谓模压成型,是先将树脂糊及增强材料预制成模压料(SMC、BMC),然后将一定量的 SMC、BMC 片材放入预热的模具内并施加较高的压力,在一定的压力和温度下使模压料进一步固化。模压完毕,冷却至室温后再从模具内取出制品,然后进行必要的辅助加工即得产品。

（3）离心浇铸成型

所谓离心浇铸成型,是将定量的液态树脂、短切增强纤维、填充料等放在旋转的桶状模具中,使其绕单轴高速旋转,物料在离心力的作用下被散射在模腔的内壁上,与此同时,物料又通过加热等方式而发生熟化,随后视需要经过冷却或不冷却即能取得制品。

离心浇铸成型主要用于成型管状或空心筒状制品,但所得制品力学性能较缠绕成型所得制品要差。

（4）喷射成型

所谓喷射成型,是利用喷枪将加有固化剂和促进剂的树脂喷射到模具上,与此同时,增强纤维被喷枪中的气动滚轮上的刀片切割成短切纤维并同时被喷射到模具上,树脂和短切纤维在喷射到模具的进程中发生混合,最终在模具上形成玻璃钢制品。

喷射成型生产效率较手糊成型要高,但由于成型过程中使用的是短切纤维,且成型压力较低,因此所得制品力学性能较差。工业生产中,一般可用此法生产制品内衬,用来提高制品的防腐防渗能力,而在其外面再手糊或缠绕结构层,确保制品具有足够高的强度。

（5）拉挤成型

所谓拉挤成型,是指玻璃纤维粗纱或其织物在拉挤设备牵引力的作用下,在浸

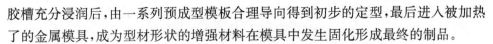

胶槽充分浸润后,由一系列预成型模板合理导向得到初步的定型,最后进入被加热了的金属模具,成为型材形状的增强材料在模具中发生固化形成最终的制品。

拉挤成型主要用于成型 U 形、I 形、工字形、矩形等玻璃钢制品。

(6) RTM 成型

所谓 RTM 成型,即树脂传递模塑工艺,是在金属或复合材料制成的闭合模具中铺放干的玻纤增强材料预成型体,然后将树脂和催化剂按照一定比例计量并充分混合,再采用注射设备在较低的压力下通过注射口注入模腔中浸透玻纤增强材料,然后固化、脱模得到成型制品。

RTM 成型为闭模操作,不污染环境,不损害工人健康,特别适用于制造两面光的玻璃钢制品。

4.2　摩阻材料的制备实验

4.2.1　实验目的

(1) 了解摩阻材料的常用配方组成及制造工艺。

(2) 了解摩阻材料中聚合物基体、增强纤维以及性能调节剂的作用。

(3) 进一步巩固和熟悉模压成型的操作方法。

4.2.2　实验原理

摩阻材料是一种复合材料产品,一般以金属、陶瓷或聚合物为基体,加入各种增塑材料及性能调节剂而组成。摩阻材料具有高而稳定的摩擦系数,耐磨性能和磨合性能优良,导热性好,热容量大,且具有一定的高温机械强度等性能,它还能在工作中与对偶摩擦产生足够大的摩擦力达到传递动力、实现离合器的功能,以及产生足够大的阻力实现制动器减速停车的功能,目前广泛应用于车辆交通、工程机械离合器与制动器制造等领域。

聚合物基摩阻复合材料主要由树脂基体、增强纤维和填料组成,具有轻质、节能(摩擦系数小)、无润滑运动、耐磨性好等特点,近年来发展很快。

树脂基体的作用是将摩阻材料的不同组分牢固地粘结在一起,使载荷均匀分布、传递并分配到各种增强材料上。树脂必须有卓越的粘结性和一定的耐高温性以保证次摩擦层有足够的强度,同时应具有突出的柔韧性和适中的硬度;树脂分解后的残留物须具有一定的摩擦性能,以保证稳定的摩擦系数。目前,酚醛改性树脂被广泛用来作为基体材料。

增强纤维的性能与摩阻材料的摩擦磨损性能密切相关,其好坏直接影响对基体材料的增强效果。过去常用的增强材料为石棉,但由于石棉粉尘吸入肺中会导致矽肺甚至肺癌,因此石棉渐渐被淘汰。无石棉摩阻材料中的增强材料大多分为两大类,一类是天然或合成纤维,比如玻璃纤维、碳纤维、硅纤维、钢纤维、芳纶纤维等;另一类是几种纤维相混合形成的混杂纤维,比如碳纤维和有机纤维混杂、钢纤维和碳纤维混杂等。其中,混杂纤维能充分发挥各纤维的优点,更好地满足摩阻材料的性能要求,是近年来的发展方向。比如,碳纤维在低温下摩擦系数较小,但随着温度升高,其摩擦系数逐渐增大;而钢纤维在低温下摩擦系数较大,但随着温度升高,其摩擦系数逐渐减小。若将二者混杂,不仅可使材料具有较强的散热能力,而且还可对摩擦系数进行互补,确保材料从高温到低温都能保持稳定的摩擦系数。

填料是摩阻材料中不可缺少的组分,主要起改善材料的物理与力学性能、调节摩擦性能及降低成本的作用。根据摩阻材料对摩擦性能的要求,加入的填料成分有的起增加摩擦系数的作用,即作为增摩剂,如金属氧化物、石英粉、橡胶粉、腰果壳油摩擦粉等;有的起降低摩擦系数的作用,即作为减摩剂,如二硫化钼、铅、锡、硫酸钡等。

4.2.3　仪器与原料

本实验所用仪器有高速混料机、XLB - D 平板硫化机、电子天平、模具、烧杯;所用原料有 2123 型酚醛树脂(含固化剂)、铜粉、Al_2O_3、$BaSO_4$(100 目)、钢绒纤维、PAN 基碳纤维。

4.2.4　实验步骤

(1) 按照表 3 中的配方要求,称量各个组分原料。

表 3　摩阻材料配方(份)

组分	质量份数
2123 型酚醛树脂(含固化剂)	18～22
钢绒纤维	15～30
PAN 基碳纤维	12～15
$BaSO_4$(100 目)	10～20
Al_2O_3	2～4
铜粉	1～3

(2) 将钢绒纤维和 PAN 基碳纤维在高速混料机内混合、开松打散,然后加入

树脂粉末,搅拌 3～5 min 后,将铜粉、Al_2O_3、$BaSO_4$(100 目)等倒入其中,搅拌均匀后得到模压粉。

(3) 将平板硫化机升温到 165 ℃,在模具涂上脱模剂后将其放到平板硫化机的平板上预热 10 min。

(4) 将模压粉称量后,先在 80 ℃预烘 8～10 min,然后趁热将其装入模具中,在 2～3 min 内起闭模具放气 2～3 次。

(5) 加压至 8～10 MPa,并保温保压 20～30 min。

(6) 取出模具后,冷却、脱模、修边整形。

4.2.5　实验数据记录与处理

(1) 配方表(见表 4)

表 4　摩阻材料配方(份)

组分	质量份数
2123 型酚醛树脂(含固化剂)	
钢绒纤维	
PAN 基碳纤维	
$BaSO_4$(100 目)	
Al_2O_3	
铜粉	

(2) 模压工艺条件(见表 5)

表 5　模压工艺条件

工艺参数	上模板温度(℃)	下模板温度(℃)	模压压力(MPa)	保压时间(min)
实验数据				

4.2.6　注意事项

(1) 在使用平板硫化机的过程中应注意安全,避免被烫伤或机械伤害。

(2) 固化剂的加入量要适当。加入固化剂过多会导致固化过快,不利于成型及制品的性能;加入固化剂过少则固化周期变长,影响实验进程,同时也会对制品性能产生不利影响。固化剂的具体用量,应根据整体配方适当调整。

4.2.7　思考题

(1) 摩阻材料模压成型的工艺流程是什么?

（2）摩阻材料所用的增强纤维分为哪几种？和单一纤维相比，使用混杂纤维有何优点？

（3）聚合物基摩阻材料中，树脂基体的作用是什么？

4.2.8　预习要求

（1）复习平板硫化机（模压机）的结构、工作原理及粗操作方法。

（2）了解摩阻材料的基本配方及各组分的作用。

（3）了解摩阻材料模压成型的工艺流程。

（4）了解摩阻材料的应用范围。

4.3　塑木复合材料的制备实验

塑木复合材料（Wood Plastic Composites，简称 WPC）是指利用废弃的锯末、竹屑、稻壳、麦秸、大豆皮、花生壳、甘蔗渣等木质纤维为主要原料，与聚乙烯、聚丙烯、聚氯乙烯等热塑性材料混合后，再经挤出、模压、注射成型等塑料加工工艺，得到的一种新型环保材料。

塑木复合材料兼顾了植物纤维和塑料的特点，其主要优点包括：

① 有木材的外观，比木材尺寸稳定性好，不会产生裂纹、翘曲，无木材节疤、斜纹等缺陷；

② 硬度比塑料制品高，具有热塑性塑料的加工性，容易加工成型，用一般塑料加工设备（或稍加改造）便可进行成型加工，便于推广应用；

③ 有木材的二次加工性，可锯、可刨、可粘结、可用螺钉固定，并且容易维护，产品规格形状可根据用户要求进行调整，灵活性大；

④ 可单独使用，也可通过覆膜或复合表层等工艺制成外观绚丽的制品；

⑤ 不怕虫蛀、耐老化、耐腐蚀、吸水性小，不会吸潮变形；

⑥ 刚性好、强度高、耐用、使用寿命长；

⑦ 能重复使用和回收再利用，对环境友好。

目前，各类塑木制品已经应用于如下多个领域：

① 建筑装修：活动板房、集成墙板、窗户附框、门板、楼梯扶手、天棚、地板、排水管槽及配件、室内装饰型材等；

② 景观园林：公园座椅、花箱、栅栏、路标、廊桥、葡萄架、亭台等；

③ 家具：桌椅板凳、沙发、茶几、床柜、衣柜、书柜、屏风、盆架、报纸架等；

④ 交通运输:公交站台、道路中央隔离栏、火车道枕木、汽车船舶内装饰材料、仪表架等;

⑤ 物流包装:工业用各种规格的运输托盘、包装托盘,以及仓库铺垫板、车用货板、包装箱等;

⑥ 其他:商品陈列架、食品容器、球拍、枪托、电器用材等。

4.3.1　木粉的表面改性实验

4.3.1.1　实验目的

(1)了解塑木复合材料用植物纤维的表面改性的目的与作用。

(2)了解塑木复合材料用植物纤维的表面改性的方法。

(3)掌握利用硅烷偶联剂对木粉表面进行改性的操作过程。

4.3.1.2　实验原理

以稻糠、木粉等为代表的农、林边角料的主要成分是富含羟基的纤维素、木质素、半纤维素以及果胶、蜡质等。羟基使得这些植物纤维具有很强的极性和亲水性,而塑料大多是憎水性的,当利用木粉等天然植物纤维与高密度聚乙烯(HDPE)等塑料复合制作塑木复合材料制品时,纤维与塑料两种材料之间由于极性上的差异而存在着较高的界面能差,表面很难达到充分的融合,由此直接制作出的制品力学强度较低,达不到应用要求。因而,提高塑木复合材料中植物纤维与塑料基体之间的界面相容性十分重要。通常是采取适当的方法对植物纤维进行表面改性,改善其表面极性,主要方法有物理处理法、化学处理法、生物处理法等。其中,物理处理法常作为其他方法的前处理,单独使用并没有特别明显的效果;生物处理法主要采用微生物处理和酶液对植物纤维进行处理;化学处理法则应用较多,它又分很多方法,应用最多的就是碱处理法和偶联剂法。

① 碱处理法:利用氢氧化钠等碱性溶液对植物纤维进行浸泡处理,去除纤维表面的果胶、木质素、半纤维素以及蜡质等组分,改变纤维的表面形貌和晶体结构,降低纤维的亲水性,增加纤维的粗糙度和表面积,从而可有效地提高纤维与塑料基体的相容性,改善复合材料的综合性能。

② 偶联剂法:偶联剂在塑木复合材料中起着"桥"的作用,其分子的一端含有亲水性的极性基团,另一端含有亲油性的非极性基团,因而能够将极性差别很大的植物纤维和树脂基体结合起来。偶联剂的使用可以改善材料的界面相容性,提高复合材料的力学强度。用于塑木复合材料的偶联剂种类繁多,常见的有硅烷偶联

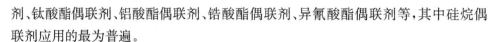

剂、钛酸酯偶联剂、铝酸酯偶联剂、锆酸酯偶联剂、异氰酸酯偶联剂等,其中硅烷偶联剂应用的最为普遍。

硅烷偶联剂的通式可表示为 $Y(CH_2)_nSiX_3$,其中 Y 表示烷基、苯基以及乙烯基、环氧基、氨基、巯基等有机官能团,常与胶粘剂基体树脂中的有机官能团发生化学结合;X 表示氯基、甲氧基、乙氧基等。硅烷偶联剂对植物纤维的偶联过程可采用以下四步反应模型来描述:第一步,与硅原子相连的 X 基团水解,Si—X 转变成 SiOH;第二步,Si—OH 之间发生脱水缩合,生成含 SiOH 的低聚硅氧烷;第三步,低聚硅氧烷中的 SiOH 与纤维表面的 OH 形成氢键;第四步,加热固化过程中,伴随脱水反应而与植物纤维之间形成共价键连接,从而实现硅烷偶联剂两端分别和基体树脂及植物纤维各自形成较强的结合,即使得极性的植物纤维和非极性的塑料基体之间产生一定结合力,所得到的塑木复合材料力学等性能得到明显的改善。

硅烷偶联剂品种众多,对于不同植物纤维、树脂复合体系,所选择的硅烷偶联剂可能彼此不同。

硅烷偶联剂的使用效果与硅烷偶联剂的种类及用量、纤维的特征、树脂或聚合物的性质以及应用的场合、方法及条件等有关。一般来说,硅烷偶联剂处理植物纤维有两种使用方法,即表面处理法及整体掺混法。前者是先将硅烷偶联剂稀释,然后通过浸渍、喷雾等方式,利用偶联剂稀释液对纤维表面进行处理;后者则是将硅烷偶联剂原液或溶液直接加入到由聚合物及填料配成的混合物中,因而特别适用于需要搅拌混合的物料体系。总体说来,前者的改性效果更好,因而更为常用。

(1)表面处理法

根据硅烷偶联剂种类的不同,采用水、乙醇、异丙醇等溶剂将偶联剂进行充分稀释。在稀释过程中,为了得到最佳的偶联效果,大多数情况下可以采用醋酸调节偶联剂稀释液的 pH 大小(一般控制在 3.5~5.5 范围内),必要时还可以加入一些非离子型表面活性剂。稀释后,偶联剂溶液的总量增大,有利于与植物纤维之间更加均匀地分散开。

稀释后的偶联剂溶液可通过浸渍、喷雾等方法对植物纤维进行处理,其中最为常见的是浸渍法,即将植物纤维在偶联剂溶液中浸没一段时间后取出并烘干。

(2)整体掺混法

将硅烷偶联剂原液先混入到树脂或聚合物内,然后再将纤维和树脂复合,在复合过程中实现硅烷偶联剂从聚合物迁移到植物纤维表面,随后完成水解缩合反应。由于塑木复合材料在生产过程中使用的是热塑性聚乙烯、聚丙烯粒料或粉料,将硅烷偶联剂和它们直接掺混很难达到均匀分散的效果,因而很少采用此方法。

本实验介绍表面处理法对木粉的表面改性,主要包括硅烷偶联剂溶液的配制方法以及使用硅烷偶联剂对木粉进行表面处理的具体工艺。所用的硅烷偶联剂为 KH570 硅烷偶联剂,分子式为 $CH_2=C(CH_3)COOC_3H_6Si(OCH_3)_3$。KH570 硅烷偶联剂为微黄色或无色透明液体,其主要技术参数如下:

① 密度(ρ):$1.043 \sim 1.053$ g/cm³$(20\ ℃)$;

② 折光率(n_D):$1.428\ 5 \sim 1.431\ 0(25\ ℃)$;

③ 沸点:255 ℃;

④ 纯度:$\geqslant 97.0\%$。

需要注意的是,塑木复合材料的界面改性方法有很多,在实际应用过程中一般不单独使用,而是两种或多种方法结合使用。具体的改性方法还要依据纤维的特性和选取的基体的种类等因素而定。

4.3.1.3 仪器与原料

本实验所使用的仪器主要有电热鼓风干燥箱、电动搅拌器、电子天平、烧杯(2 000 mL),主要原料有木粉、KH570 硅烷偶联剂、乙醇(化学纯)、乙酸(化学纯)。

4.3.1.4 实验步骤

(1) 称取 10~20 g 的硅烷偶联剂,并将硅烷偶联剂溶于 1 000 mL 水中配成硅烷偶联剂水溶液。

(2) 利用乙酸将硅烷偶联剂水溶液的 pH 大小调至 3.5~4.0。

(3) 称取 500 g 木粉,再用上面配制的硅烷偶联剂溶液浸渍 30~45 min。在浸渍过程中,要利用电动搅拌器进行搅拌,确保硅烷偶联剂在木粉表面分散均匀。

(4) 将浸渍了硅烷偶联剂的木粉放入鼓风干燥箱中,在 110~120 ℃下干燥至恒重。在恒温干燥过程中可适时翻动木粉,缩短其干燥时间。

(5) 取出盛装木粉的烧杯,待自然冷却后放入干燥箱中备用。

4.3.1.5 实验数据记录与处理

(1) 硅烷偶联剂型号:_____

生产厂家:_____

外观:_____

(2) 硅烷偶联剂质量:_____

pH:_____

干燥温度:_____

干燥时间:_____

4.3.1.6　注意事项

（1）木粉的干燥温度不宜过高，110 ℃左右即可；为了加快干燥速度，在干燥过程中每隔一定时间可进行搅拌；干燥时间不定，以木粉干燥到质量几乎无变化为准。

（2）利用偶联剂处理木粉时，偶联剂的用量一般较少，仅为木粉质量的 1%～5%；为了提高偶联剂在木粉中的分散性，提高改性效果，偶联剂在使用前一般要进行稀释，且不同的偶联剂所用的稀释剂可能不同。

4.3.1.7　思考题

（1）使用硅烷偶联剂对木粉进行表面改性的机理是什么？
（2）常见的硅烷偶联剂有哪几种？选择硅烷偶联剂的原则是什么？
（3）使用硅烷偶联剂处理木粉的方法有哪些？各有何优缺点？

4.3.1.8　预习要求

（1）了解复合材料用偶联剂的种类，特别是硅烷偶联剂的种类。
（2）了解 KH570 硅烷偶联剂的化学结构及其偶联机理。
（3）熟悉 KH570 硅烷偶联剂处理木粉的操作步骤。

4.3.2　塑木复合材料之原料混炼实验

4.3.2.1　实验目的

（1）巩固双辊炼胶机的使用方法和混炼工艺。
（2）了解塑料基复合材料的混炼和橡胶混炼工艺上的区别。
（3）掌握塑料基复合材料混炼的基本操作。

4.3.2.2　实验原理

制作塑木复合材料所使用的原料除塑料、植物纤维外，往往还有多种填料或助剂。当采用模压工艺制备塑木制品时，由于塑木配方中植物纤维、填料含量高会导致树脂流动性不好，因而模压得到的制品中就可能存在各个组分分配不均的现象，从而影响制品的性能。为了克服上述不足，提高配方中各个组分间的混合均匀性，确保模压制品性能，有必要采用适当的方法在模压前将各组分先行混合均匀。

利用双辊炼胶机对制作塑木复合材料所使用的原料进行混炼即能达到上述效果。对于塑料混炼来说，它和橡胶混炼在工艺上一个最大的区别在于塑料的混炼需要在一定的高温下进行,因此混炼前需对辊筒进行预热,而橡胶的混炼则无需预热辊筒。

双辊炼胶机又叫开放式炼胶机、开炼机,其混炼塑木原料时,先将原料放置在具有一定热量、能够相对旋转运动的两个辊筒之间(两个辊筒的表面温度略有差别),辊面上的原料由于受到辊筒热传导和摩擦作用而逐渐变软,并粘在辊筒表面上随辊筒一道旋转;当这些原料被带至两个辊筒之间的间隙时,由于辊面的间隙很小,再加上两个辊筒的转速不同,从而使得这部分物料受到强烈的挤压、剪切和捏合,物料间的混合趋向均匀;同时,在混炼过程中,操作者还会不断地对物料进行裁切、翻动,进一步确保了各个物料间能够更加混合均匀及塑化。经过混炼的物料再应用于模压成型时,所得制品的性能便能均匀分布。

4.3.2.3　仪器与原料

本实验所用仪器为双辊炼胶机、裁刀、电动搅拌器、电子天平,主要原料有 HDPE、MAPE、木粉、碳酸钙粉、硬脂酸。

4.3.2.4　实验步骤

(1) 打开双辊炼胶机电源及加热电源,将辊筒表面温度加热至 120 ℃。

(2) 按质量比 40:(5~10):(20~30):(5~15):(3~5)分别称取 HDPE、MAPE、木粉、碳酸钙粉及硬脂酸,并将 HDPE、MAPE 电动搅拌混合均匀。

(3) 将搅拌混合均匀的物料铺放在双辊炼胶机的两个辊筒之间,然后逐渐升高辊筒温度至 150 ℃左右,待混合料软化后,用双辊开炼机混炼至完全塑化。

(4) 加入木粉、碳酸钙粉及硬脂酸,继续在 150 ℃左右的温度下混炼 15~20 min,直至木粉、碳酸钙粉及硬脂酸在塑料基体中均匀分散。

4.3.2.5　实验数据记录与处理

(1) 塑木混炼料配方(见表 6)

表 6　塑木混炼料配方

组分	质量(g)	百分比(%)
HDPE		
MAPE		
木粉		
碳酸钙粉		
硬脂酸		

（2）混炼工艺条件（见表 7）

表 7　混炼工艺条件

工艺参数	实验数据
混炼温度（℃）	
混炼时间（min）	

（3）混炼料质量评判（见表 8）

表 8　混炼料质量评判

质量评判指标	质量评判依据	评判结果
颜色	均匀，无明显色差	
塑化	塑料充分塑化，无发白等塑化不良现象	
木粉炭化	木粉无严重变色炭化现象	

4.3.2.6　注意事项

（1）操作双辊炼胶机时必须注意安全，头发长的同学应将长发盘起并戴上帽子，操作时不能戴手套。

（2）辊筒温度会影响混炼效果，在混炼过程中应控制好温度；塑木原料在混炼过程中辊筒温度不能过高，以防止塑料、木粉等原料发生降解、炭化。

（3）为了提高混合效果，应在混炼过程中使用裁刀对包覆在辊筒上的混炼料进行"×"式裁切，将混炼料从辊筒上剥离、翻动后再重新放置辊筒间进行混炼。

4.3.2.7　思考题

（1）塑木混炼料中各组分的作用是什么？
（2）辊筒温度过高或过低对实验结果有何影响？
（3）辊筒间隙过大或过小对混炼效果有何影响？
（4）混炼料质量如何影响塑木制品的最终性能？

4.3.2.8　预习要求

（1）复习双辊炼胶机的基本结构，了解其基本操作方法。
（2）了解塑木复合材料的基本配方组成以及各组成在塑木复合材料中的作用。
（3）了解影响原料混炼效果的因素。

4.3.3　塑木复合材料的模压成型实验

4.3.3.1　实验目的

（1）熟悉模压成型工艺的过程及基本操作。

（2）掌握 HDPE 基塑木复合材料的模压成型过程。

（3）了解成型工艺参数对 HDPE 基塑木复合材料性能的影响。

4.3.3.2　实验原理

在常规的模压成型中,塑木混合料被加热至一定的温度,其中的塑料成分会出现熔融状态,从而将植物纤维及其他填料包裹在其中,再进一步地进行混合、塑化,均匀后随着树脂的流动而充满模具的各个部位,然后熔体冷却,便形成了复合材料制品。为了增强塑料与其他组分的混合效果,本实验在开始之前已事先采用混炼的方法将各组分混合均匀,模压时只要将混炼好的组合料(一般以片材方式)平铺在模压模具中,然后进行模压成型。

塑木复合材料的基本配方组分包括:

① 塑料:常见的有聚乙烯、聚丙烯、聚苯乙烯、ABS、聚氯乙烯等,其中室外地板最常用的是聚乙烯,而发泡塑木所用的绝大多数是聚氯乙烯。塑料在塑木复合材料中起到胶黏剂的作用,在实心塑木中使用量较少,一般在 30% 以下,且大多使用回收塑料;但在发泡塑木复合材料中,为了更加有效地发泡,塑料的使用量一般较高,且大多使用新料。

② 植物纤维:使用最多的是木粉和稻糠粉,其他如秸秆粉也有使用。植物纤维的使用可使塑木复合材料外观具有木材的效果,其在塑木中的使用量可达 60% 以上。

③ 无机填料:主要有碳酸钙粉、滑石粉等。无机填料的使用,一方面可大幅度降低塑木材料的成本,另一方面可改善塑木材料的刚性,防止塑木材料在使用过程中发生弯曲变形。

④ 相容剂:由于塑木复合材料中使用的塑料大多是非极性的、亲油性的,而植物纤维、无机填料等表面往往带有羟基等极性基团,因而亲水性较强。在塑木复合材料成型过程中会涉及两相界面相容性的问题,而较差的相容性将降低复合材料的力学等性能,从而影响其使用寿命。为了克服上述不足,在塑木复合材料成型过程中往往使用相容剂,比如马来酸酐接枝聚乙烯等,利用界面相容剂结构上同时具有亲水端和亲油端的特性,从而可在塑料基体和植物纤维、无机填料之间架"桥",即亲水端通过氢键等作用与植物纤维、无机填料表面上的羟基等极性基团形成较

强的结合,亲油端通过范德华力等作用与塑料基体间形成较强的结合,从而使得复合材料整体结合紧密,具有良好的综合性能。

⑤ 润滑剂:在塑木复合材料挤出成型过程中,由于植物纤维及无机填料的使用使得塑料在熔融流动时所受到的剪切阻力增大,加工流动性将下降。为了改善加工流动性能,减少物料与加工机械之间的摩擦阻力,削弱分子间的相互作用,使挤出成型能够顺利进行,在塑木的基本配方中往往还要使用润滑剂,工业白油是其中最常用的润滑剂之一。

⑥ 抗氧剂或紫外线吸收剂:室外工程是塑木复合材料制品一个十分重要的应用市场,由于光、紫外线等的作用,户外用塑木制品容易发生老化,比如颜色改变、表面龟裂、强度下降等,从而影响塑木材料的外观和使用。因而,在塑木制品生产过程中,往往还会使用一些抗氧剂或紫外线吸收剂。

⑦ 增韧剂:植物纤维及无机填料的加入可以较大幅度降低塑木制品的成本,但同时也会导致其力学性能的下降,韧性变差。而增韧剂的使用就是为了克服上述不足,使塑木制品具有较高的抗冲击强度。

⑧ 着色剂:赋予塑木制品不同的颜色,常见的有铁红、铁黄等,根据塑木制品具体使用需要可进行颜色调配。

⑨ 其他:包括发泡剂、发泡助剂、稳定剂等。

4.3.3.3　仪器与原料

本实验所用仪器为平板硫化机(1 台)和模具(1 套),所用原料为 HDPE 基塑木混炼料和 PC 薄膜。

4.3.3.4　实验步骤

(1) 根据模具型腔长(L)、宽(W)、高(H)尺寸计算型腔体积($V = L \times W \times H$)。

(2) 设计 HDPE 基塑木复合材料的密度(ρ),计算其质量($m = \rho V$)。

(3) 将模具带型腔的下半模放置在平板硫化机的下模板(动模板)上,并在型腔底部涂上脱模剂或铺放一张尺寸为 $L \times W$ 的 PC 薄膜(脱模纸)。

(4) 称取质量为 m 的 1.03 倍的 HDPE 基塑木混炼料,均匀铺放在模具的型腔中。

(5) 打开模板加热开关,设置上、下模板温度为 155～160 ℃。

(6) 在 155～160 ℃下预热 20～30 min,然后在混合料表面再覆盖一层 $L \times W$ 的 PC 薄膜(脱模纸),合上上半模。

(7) 模具闭合后加压,并在 8～10 MPa 下保压 20～30 min。

(8) 关闭电热开关,待模具自然冷却至室温后降下下模板并将模具移出。

（9）打开模具，取出塑木制品。

4.3.3.5　实验数据记录与处理

（1）模具型腔尺寸（见表 9）

表 9　模具型腔尺寸

项目 序号	长（cm）	宽（cm）	高（cm）
①			
②			
③			
平均值			

（2）模压工艺条件（见表 10）

表 10　模压工艺条件

工艺参数	实验数据
预热温度（℃）	
预热时间（min）	
模压压力（MPa）	
模压温度（℃）	
模压时间（min）	

（3）塑木制品密度

设计值：＿＿＿＿＿＿＿＿＿＿＿；实测值：＿＿＿＿＿＿＿＿＿＿＿＿。

（4）塑木制品的外观质量评判（见表 11）

表 11　塑木制品的外观质量评判

质量评判指标	质量评判依据	评判结果
颜色	均匀，不同区域不能有明显色差	
光滑性	表面光滑，无明显凹凸	
痕纹	无因加工工艺缺陷而使表面出现痕纹	
裂纹	无裂纹	
整体性	无分层	
厚度偏差	最大厚度与最小厚度差值小于 1.2 mm	
扭曲度	不大于 1.5 mm/m	
翘曲度	不大于 6 mm/m	

4.3.3.6　注意事项

(1) 放入模具型腔中混炼料的量应根据型腔尺寸进行确定,考虑到模压过程中可能有小分子逸出,因而实际的加入量应比计算值高 3% 左右。

(2) 模压塑木复合材料制品时,可在模具型腔内壁预涂脱模剂,也可使用 PC 薄膜作脱模纸。

(3) 成型不同塑料基塑木复合材料时,模压温度应根据塑料特性进行差别性选择,过高或过低对模压成型过程及最终产品质量均不利。

4.3.3.7　思考题

(1) 模压压力如何影响塑木复合材料制品的密度? 复合材料制品的密度对其力学性能有影响吗? 如何影响?

(2) 实验中,PC 薄膜的作用是什么? 可否用 PE 薄膜替代? 为什么?

(3) 为何放入型腔中的原材料的质量要比理论值高 3% 左右?

4.3.3.8　预习要求

(1) 熟悉平板硫化机的工作原理及基本操作方法。

(2) 了解塑木复合材料的性能特点及其模压成型步骤。

(3) 了解塑木复合材料的主要配方组成及各组分的作用。

4.4　石膏刨花板的模压成型实验

4.4.1　实验目的

(1) 了解石膏刨花板的基本配方组成及各组分的作用。

(2) 掌握石膏刨花板的制作方法。

(3) 进一步熟悉平板硫化机的基本结构,掌握其使用方法。

4.4.2　实验原理

石膏刨花板是以熟石膏(半水石膏)为胶凝材料,木质刨花碎料(木材刨花碎料和非木材植物纤维)为增强材料,外加适量的水和化学缓凝剂,经搅拌形成半干性混合料,再在成型压机内 2.0~3.5 MPa 的压力下成型,并维持在受压状态下完成石膏与木质材料的固结所形成的板材。

在石膏刨花板制作过程中,缓凝剂的作用十分重要,其种类、用量对石膏刨花板的性能都有显著影响。石膏刨花板所用缓凝剂有多种,其中柠檬酸是一种较常用、较重要的有机缓凝剂。

柠檬酸为三元有机酸,存在如下三级离解平衡:

$$H_3Cit \rightleftharpoons H^+ + H_2Cit^- \quad (pH \approx 3.5)$$
$$H_2Cit^- \rightleftharpoons H^+ + HCit^{2-} \quad (pH \approx 5.0)$$
$$HCit^{2-} \rightleftharpoons H^+ + Cit^{3-} \quad (pH \approx 8.5)$$

在不同 pH 下,电离出的质子数不相同,形成的化合物也不尽相同。作为缓凝剂,它能与石膏浆体中的钙离子结合形成柠檬酸钙六元环状螯合物,因为螯合物的存在,有效地抑制了液相中 Ca^{2+} 的剧烈消耗,因而柠檬酸具有较强的缓凝作用。此作用使得石膏晶体由径向生长转变成横向生长,且随着柠檬酸使用量的增加,二水石膏晶体长度方向的尺寸逐渐减小,而宽度方向的尺寸不断变大,其形貌由最初的针状不断转变成短柱状。

石膏刨花板的生产方法有湿法、干法和半干法三种,其中半干法具有节能、节水和确保质量、无污染、无废水排放等优点,故目前现行的生产工艺中也多采用半干法来生产石膏刨花板。

石膏刨花板同时具有纸面石膏板和普通刨花板的优点,但和传统刨花板、中密度纤维板相比,其板材强度较高,可以像木材一样进行锯、刨、钻、铣、钉等加工,尺寸稳定性好,施工中破损率低,且无游离甲醛等有害气体释放。另外,石膏刨花板还具有较好的防火、防水、隔热、隔音等性能,其热传导损失、吸热和导温性小于黏土砖,热阻大于黏土砖。石膏刨花板的生产能耗仅为黏土砖的 1/2,且质轻,可大幅度降低建筑物自重,运输成本也低,因此作为轻质绿色环保建材,适用作公用建筑与住宅建筑的隔墙、吊顶、复合墙体基材等;同时,石膏刨花板表面可贴壁纸、壁布或涂刷涂料,在一些场合,为了提高墙面装饰档次,可对石膏刨花板表面进行深加工,铺贴刨切薄木、PVC 薄膜等装饰材料,因此在建筑装饰工程中被广泛应用于天花板、隔墙板和内墙装修。

4.4.3 仪器与原料

本实验所用仪器主要为平板硫化机、带搅拌装置的混合箱、模具、电子天平,主要原料为建筑石膏、刨花、钙标准试剂、氢氧化钠、柠檬酸。

4.4.4 实验步骤

(1) 分别称取石膏 m g、刨花 $0.3m$ g、水 $0.4m$ g 及柠檬酸 $0.05m$ g。

（2）将柠檬酸溶于水中，配制成柠檬酸水溶液。

（3）利用 NaOH 调节柠檬酸水溶液的 pH 至 7～8。

（4）将称量好的刨花加入到带搅拌装置的混合箱中，然后将调节好 pH 的柠檬酸水溶液加入到刨花中，搅匀后加入石膏，并再次搅拌均匀。

（5）利用手工将上述混合料逐层均匀铺放在模具中，形成板坯。

（6）将模具连同板坯一道移送至平板硫化机的下模板上。

（7）打开平板硫化机电源，使下模板带着模具一同上升；当模具顶部接近上模板时，适当降低上升速度，至模具完全被模压在上、下模板之间。

（8）升压至 2.0～3.5 MPa，并在此压力下常温模压 2～3 h。

（9）达到预定的模压时间后，松开压力，使下模板带着模具缓缓下降至原位。

（10）从模板间移出模具，并从模具中取出石膏刨花板制品。

4.4.5　实验数据记录与处理

（1）质量配比（见表 12）

表 12　质量配比

组分	石膏	刨花	水	柠檬酸
质量(g)				

（2）模压工艺条件（见表 13）

表 13　模压工艺条件

工艺参数	模压压力(MPa)	模压温度(℃)	模压时间(h)
实验数据			

（3）制品外观质量评判（见表 14）

表 14　制品外观质量评判

质量评判指标	质量评判依据	评判结果
颜色	均匀	
松边	无整边松散或局部松边现象	
表面固化	无表面固化不完全或表面预固化层过厚现象	
粗刨花	无粗刨花	

4.4.6　注意事项

（1）应根据具体实验情况决定柠檬酸的用量。若过多使用柠檬酸，缓凝作用过强,不利于石膏的固化;反之,柠檬酸使用量过少,将使石膏的晶型转变时间大幅度缩短,不利于实验操作。

（2）石膏刨花板成型压力较低,且不像热塑性塑料那样在模压过程中存在熔体流动现象,因而无需使用成本昂贵的金属模具,使用木质模具即可。

4.4.7　思考题

（1）柠檬酸在石膏刨花板制作过程中的作用是什么? 为什么要使用缓凝剂?

（2）石膏刨花板的模压成型工艺过程和塑木复合材料的模压成型工艺过程主要区别有哪些? 为什么?

（3）石膏刨花板的力学性能如何? 可用于哪些场合?

4.4.8　预习要求

（1）复习平板硫化机的基本结构及操作方法。

（2）了解石膏刨花板的基本配方组成及各组分的作用。

（3）了解石膏刨花板的模压制作过程。

（4）了解石膏刨花板质量的评判方法。

附 录

附录 1　部分热塑性塑料的物理性质

（1）聚乙烯

聚乙烯（Polyethylene），英文缩写为 PE，是以乙烯单体聚合而成的聚合物。作为塑料使用的聚乙烯，其相对分子质量要达到 1 万以上。聚乙烯塑料属于结晶型塑料，它的性能取决于它的聚合方式：在中等压力（15～30 MPa）、有机化合物催化条件下进行 Ziegler-Natta 聚合而成的是高密度聚乙烯（HDPE），高密度聚乙烯分子链很长，并且排布规整，没有支链，具有较高的密度和结晶度（密度在 0.940～0.976 g/cm³ 范围内，结晶度为 80%～90%）；如果是在高压力（100～300 MPa）、高温（190～210 ℃）、过氧化物催化条件下自由基聚合，生产出的则是低密度聚乙烯（LDPE），它是带有支链结构的聚合物。

高密度聚乙烯又称低压聚乙烯，外表呈乳白色，在微薄截面呈一定程度的半透明状。高密度聚乙烯无毒、无味；绝缘介电强度高，介电性能、硬度、拉伸强度和蠕变性均优于低密度聚乙烯；具有良好的耐磨性、韧性、耐热性和耐寒性，耐环境应力开裂性亦较好，但较低密度聚乙烯略差；化学稳定性好，室温条件下不溶于任何有机溶剂，耐酸、碱和各种盐类的腐蚀。

低密度聚乙烯（LDPE）又称高压聚乙烯，密度在 0.91～0.94 g/cm³ 范围内，适合热塑性成型加工的各种成型工艺，如注塑、挤出、吹塑、旋转成型、发泡工艺、热成型、热风焊、热焊接等，且成型加工性好。

聚乙烯为结晶型聚合物，熔体冷却后收缩率较大，且收缩率随密度不同而异，HDPE 的收缩率可达 1.5%～5%，LDPE 的收缩率为 1%～3.6%。较大的收缩率易导致制品变形。

（2）聚丙烯

聚丙烯（Polypropylene），英文缩写为 PP，是由丙烯单体聚合而制得的一种热塑性树脂，属结晶型塑料，结晶度可达 50%～70%。按甲基在空间的排列位置不同，聚丙烯可分为等规聚丙烯、无规聚丙烯和间规聚丙烯三种。作为塑料使用的多为等规聚丙烯，甲基排列在分子主链的同一侧，等规度为 90%～95%。聚丙烯通

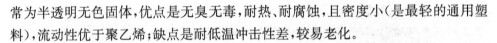

常为半透明无色固体,优点是无臭无毒,耐热、耐腐蚀,且密度小(是最轻的通用塑料),流动性优于聚乙烯;缺点是耐低温冲击性差,较易老化。

(3) 聚氯乙烯

聚氯乙烯(Polyvinyl Chloride),英文缩写为 PVC,是氯乙烯单体在过氧化物、偶氮化合物等引发剂,或在光、热作用下按自由基聚合反应机理聚合而成的均聚物,属于无定形塑料。聚氯乙烯曾是世界上产量最大的通用塑料,应用非常广泛。通常根据其中使用的增塑剂的含量,将聚氯乙烯分为硬聚氯乙烯(增塑剂含量为 0~5份)、半硬聚氯乙烯(增塑剂含量为 5~25 份)和软聚氯乙烯(增塑剂含量在 25 份以上)三种。工业上,聚氯乙烯常为白色粉末,成型收缩率不大,吸水性较小,有优异的介电性能,但属于热敏性树脂,对光和热的稳定性差,其粘流温度(136 ℃)和分解温度(140 ℃)非常接近,因而加工成型时需加入稳定剂等各种助剂。聚氯乙烯在 100 ℃以上或经长时间阳光曝晒会分解而产生氯化氢,还会进一步自动催化分解引起变色,物理机械性能也迅速下降,因此在实际应用中同样需加入稳定剂以提高对热和光的稳定性。

(4) 聚苯乙烯

聚苯乙烯(Polystyrene),英文缩写为 PS,是苯乙烯单体经自由基加聚反应合成的聚合物。通常情况下,聚苯乙烯是一种无毒、无臭、无色透明、非晶态的热塑性塑料,透光率可达 90%以上,玻璃化温度为 80~105 ℃,长期使用温度为 0~70 ℃,具有优良的绝热、绝缘性能,易着色,刚性、耐化学腐蚀性和加工流动性好,容易成型,且成型收缩率较低,吸水率低,加工成型前不需要进行干燥处理;但脆性大,冲击强度低,低温易开裂,不耐沸水,具有一定的静电吸尘作用。

(5) 丙烯腈-丁二烯-苯乙烯共聚物

丙烯腈-丁二烯-苯乙烯共聚物(Acrylonitrile-Butadiene-Styrene),英文缩写为 ABS,是一种坚韧有刚性的热塑性塑料,具有良好的可塑性以及耐热、耐低温、耐化学药品性,冲击强度高,机械强度和电气性能优良,并且通过调整其中三种组分的比例可对 ABS 的综合性能进行调节。ABS 塑料易于加工,成型后无结晶,成型收缩率低,加工尺寸稳定性好;因耐热性较好,加工温度范围宽,不易出现降解或分解现象;表面具有良好的光泽,容易涂装、着色,还可以进行喷涂金属、电镀、焊接和粘接等二次加工。ABS 具有一定的吸湿性,加工前一般需要进行干燥处理。ABS 结合了其三种组分的特点,因而综合性能优良,是制作家电、计算机和仪器仪表首选的塑料之一。

(6) 聚乳酸

聚乳酸(Polylactide),英文缩写为 PLA,又称聚羟基丙酸或聚丙交酯,是一种新型的可生物降解材料,由乳酸分子间的—OH 和—COOH 脱水缩合得到。聚乳酸塑料具有好的耐溶剂性以及和聚苯乙烯相近的光泽度,透明度高,手感佳,热稳定性好,加工温度为 170~230 ℃,可用多种方式进行加工,如 3D 打印、挤出、双轴拉伸、注射吹塑等,也可与其他生物材料复合使用。聚乳酸塑料可用于制作包装材料、家电外壳等方面。

附录 2　国际单位制(SI)的基本单位

表 1　国际单位制(SI)的基本单位

量的名称	单位名称	中文代号	单位符号
长度	米	米	m
质量	千克	千克(公斤)	kg
时间	秒	秒	s
电流	安培	安	A
热力学温度	开尔文	开	K
物质的量	摩尔	摩	mol
发光强度	坎德拉	坎	cd

附录 3　具有专用名称的导出单位和一些常用的导出单位

表 2　具有专用名称的导出单位和一些常用的导出单位

量的名称	单位名称	单位符号	用 SI 基本单位或导出单位表示
频率	赫[兹]	Hz	s^{-1}
力	牛[顿]	N	$kg \cdot m/s^2$
压力、应力	帕[斯卡]	Pa	N/m^2
能量、功、热	焦[耳]	J	$N \cdot m$
电荷量	库[仑]	C	$A \cdot s$
功率	瓦[特]	W	J/s

量的名称	单位名称	单位符号	用 SI 基本单位或导出单位表示
电位、电压、电动势	伏[特]	V	W/A
电容	法[拉]	F	C/V
电阻	欧[姆]	Ω	V/A
电导	西[门子]	S	A/V
磁通量	韦[伯]	Wb	V·s
磁感应强度	特[斯拉]	T	Wb/m²
电感	亨[利]	H	Wb/A
摄氏温度	摄氏度	℃	—
面积	平方米	m²	—
体积	立方米	m³	—
密度	千克每立方米	kg/m³	—
速度	米每秒	m/s	—
加速度	米每二次方秒	m/s²	—
浓度	摩[尔]每立方米	mol/m³	—
放射性活度	贝可[勒尔]	Bq	s^{-1}
粘度	帕[斯卡]秒	Pa·s	N·s/m²
表面张力	牛[顿]每米	N/m	J/m²
热容	焦[耳]每开[尔文]	J/K	kg·m²/(K·s²)

附录 4 表示倍数或分数单位的词冠

表 3 表示倍数或分数单位的词冠

因数	词冠	国际符号	因数	词冠	国际符号
10^{18}	艾[可萨](exa)	E	10^{-1}	分(deci)	d
10^{15}	拍[它](peta)	P	10^{-2}	厘(centi)	c
10^{12}	太[拉](tera)	T	10^{-3}	毫(milli)	m
10^{9}	吉[咖](giga)	G	10^{-6}	微(micro)	μ
10^{6}	兆(mega)	M	10^{-9}	纳[诺](nano)	n
10^{3}	千(kilo)	k	10^{-12}	皮[可](pico)	p
10^{2}	百(hecto)	h	10^{-15}	飞[母托](femto)	f
10^{1}	十(deca)	da	10^{-18}	阿[托](atto)	a

附录5 力单位间换算

表4 力单位间换算

牛顿(N)	千克力(kgf)	达因(dyn)
1	0.102	10^5
9.806 65	1	$9.806\ 65 \times 10^5$
10^{-5}	1.02×10^{-6}	1

附录6 压力单位间换算

表5 压力单位间换算

	Pa	bar	atm	Torr	mmHg
1 Pa	—	10^{-5}	$9.869\ 2 \times 10^{-6}$	$7.500\ 6 \times 10^{-3}$	$7.500\ 6 \times 10^{-3}$
1 bar	10^5	—	0.986 92	750.06	750.06
1 atm	101 325	1.013 25	—	760	760
1 Torr	133.322	$1.333\ 22 \times 10^{-3}$	$1.315\ 79 \times 10^{-3}$	—	1

注:1 Pa$=$1 N$\cdot$m^{-2},1 mmHg$=$1 Torr,1 bar$=10^5$ N$\cdot$m^{-2}。

附录7 材料加工成型实验中涉及的部分用语的中英文对照

(A)

安全 safe
安装 install

(B)

刨花 flake
壁厚 wall thickness

表面活性剂 surfactant

丙烯腈-丁二烯-苯乙烯共聚物（ABS）acrylonitrile-butadiene-styrene

薄膜 film

薄通 thin

玻璃钢（纤维增强塑料）fiber reinforced plastics

玻璃纤维 glass fiber

玻纤布 glass fiber cloth

玻纤毡 glass fiber rovings

不饱和聚酯树脂 unsaturated polyester resin

（C）

参数 parameter

产量 output

缠绕成型工艺 filament winding process

长度 length

尺寸 dimension

促进剂 promotor

催化剂 catalyst

（D）

大分子 macromolecule/macromole

打印 print

捣胶 blending

低密度聚乙烯（LDPE）low density polyethylene

电磁阀 electromagnetic valve

电动搅拌器 electric stirrer

电热鼓风干燥箱 electric drying oven with forced convection

电源 power

电子天平 electronic balance

丁苯热塑性橡胶（SBS）butadiene-styrene thermoplastic rubber

丁苯橡胶（SBR）butadiene-styrene rubber

丁腈橡胶（NBR）acrylonitrile-butadiene rubber

定模板 fixed platen

动模板 movable platen

多异氰酸酯 polyisocyanate

（F）

阀门 valve

防老剂 aging-resistant agent

飞边 overlap

分流梭 torpedo

酚醛树脂 phenolic resin

分子链 molecular chain

复合材料 composite

呋喃树脂 furan resin

（G）

高密度聚乙烯（HDPE）high density polyethylene

工具 tool

固化 cure

固化剂 curing agent

管材 pipe

硅烷 silane

硅油 silicone oil

辊间距 roller spacing

辊筒 roll

过氧化甲乙酮 methyl ethyl ketone peroxide

（H）

合成橡胶（SR）synthetic rubber

缓凝剂 retarder

环氧树脂 epoxy resin

混合机 mixer

混炼 milling

活塞 piston

（J）

加料段 feeding section

加热 heat

加热器 heater

挤出 extrude

挤出机 extruder

挤出物 extrudate

挤出胀大 die swell

计量段 metering section

基体 matrix

机筒 barrel

机头 head

基座 support

间距 distance

剪切 shear

浆料 slurry

浇口 gate

交联 crosslink

焦烧 scorch

结构 structure

节流阀 throttle valve

紧急按钮 emergency button

聚氨酯 polyurethane

聚苯乙烯 polystyrene

聚丙烯 polypropylene

聚合物 polymer

聚氯乙烯(PVC) polyvinyl chloride

聚醚多元醇 polyether polyol

聚乳酸 polylactide

矩形 rectangular

聚乙烯 polyethylene

聚酯多元醇 polyester polyol

（K）

开关 switch

开炼机 open mill

口模 die

（L）

拉挤成型工艺 pultrusion process

冷却 cool

冷却水 cooling water

粒料 pellet/granular

立式的 vertical

联轴器 coupling

料斗 hopper

流变仪 rheometer

六次甲基四胺 hexamethylenetetramine

流道 runner

硫化 vulcanize

硫化剂 vulcanizing agent

硫磺 sulphur

螺杆 screw

氯丁橡胶(CR) chloroprene rubber

(M)

马来酸酐接枝聚乙烯 maleic anhydride grafted polyethylene

毛刷 brush

密度 density

密炼机 internal mixer

摩阻材料 friction materials

模板 platen

模架 mold support

模具 mold

模塑料 die plastic

模压成型工艺 compression molding

木粉 wood flour

木塑复合材料 wood-plastic composite

(N)

萘酸钴 cobalt naphthenate

内径 inner diameter

凝胶 gel

(O)

偶联剂 coupling agent

（P）

排气 ventilation

泡沫 foam

配方 ingredient/formulae

喷射成型工艺 spray-up process

喷嘴 nozzle

膨胀系数 expansion coefficient

坯料 parison

平板硫化机 plate vulcanizer

平坦硫化 flat vulcanization

PVC 糊 PVC paste

（Q）

嵌件 insert

轻质碳酸钙 precipitated calcium carbonate

轻质氧化镁 light magnesia

全自动 automatic

（R）

热固性塑料 thermoset/thermosetting plastic

热硫化 heat vulcanization

热塑性塑料 thermoplastic

热塑性弹性体（TPE）thermoplastic elastomer

熔化 melt

乳白时间 cream time

乳液法 emulsion method

软的 soft

软化剂 softening agent

润滑剂 lubricant

（S）

三乙醇胺 triethanolamine

烧杯 beaker

深度 depth

生产效率 production efficiency

生产周期 production cycle

升起时间 rise time

石膏 gypsum

时间 time

手动 manual

手糊成型工艺 hand lay-up process

收缩 shrink

树脂 resin

水槽 water sink

水箱 water tank

顺丁橡胶(BR) butadiene rubber

速度 speed

塑化 plasticize

塑炼 plasticated

塑料 plastic

塑性 plasticity

锁模力 clamping force

(T)

碳黑 carbon black

碳酸钙 calcium carbonate

弹性 elasticity

搪塑成型 slush molding

体积 volume

填料 filler

天平 balance

天然橡胶(NR) natural rubber

脱模 demold

脱粘时间 debonding time

(W)

外径 outside diameter

万能试验机 universal testing machine

喂料 feed

温度 temperature

稳定剂 stabilizer

卧式的 horizontal

无机填料 inorganic filler

（X）

稀释剂 diluent

线材 filament

纤维 fiber

橡胶 rubber

相容剂 compatibilizer

型材 profile

性能 property

型腔 cavity

悬浮法 suspension method

（Y）

压力 pressure

压力表 pressure gauge

压缩段 compression section

压延成型工艺 calendaring process

压延机 calender

氧化锌 zinc oxide

液压 hydraulic

乙丙橡胶（EPR）ethylene-propylene rubber

阳模 male mold

阴模 female mold

硬的 rigid

硬脂酸 stearic acid

硬脂酸钡 barium stearate

硬脂酸钙 calcium stearate

硬脂酸镉 cadmium stearate

硬脂酸锌 zinc stearate

油箱 oil tank

原材料 raw material

（Z）

造粒 pelletize

增强材料 reinforcement

增塑剂 plasticizer

真空 vacuum

直径 diameter

质量 quality

指针 indicator

柱塞 plunger

注射 inject

注塑 injection molding

注塑机 injector

转速 rotating speed

转子 rotor

组分 component

阻燃剂 fire retardant agent

参考文献

[1] 韩哲文.高分子科学实验[M].上海:华东理工大学出版社,2005.

[2] 夏华.材料加工实验教程[M].北京:化学工业出版社,2007.

[3] 周诗彪,肖安国.高分子科学与工程实验[M].南京:南京大学出版社,2011.

[4] 张增红,熊小平.塑料注射成型[M].北京:化学工业出版社,2005.

[5] 邬素华.高分子材料加工工程专业实验[M].北京:中国轻工业出版社,2013.

[6] 吴智华.高分子材料加工工程实验教程[M].北京:化学工业出版社,2014.

[7] 陈厚.高分子材料加工与成型实验[M].北京:化学工业出版社,2012.

[8] 王新龙,徐勇.高分子科学与工程实验[M].南京:东南大学出版社,2012.

[9] 雷文.物理化学实验[M].上海:同济大学出版社,2016.

[10] 雷文,张曙,陈泳.高分子材料加工工艺学[M].北京:中国林业出版社,2013.

[11] 刘瑞霞.塑料挤出成型[M].北京:化学工业出版社,2005.

[12] 于丽霞,张海河.塑料中空吹塑成型[M].北京:化学工业出版社,2005.

[13] 瞿金平,黄汉雄,吴舜英.塑料工业手册:注塑、模压工艺与设备[M].北京:化学工业出版社,2001.

[14] 李绍雄,刘益军.聚氨酯树脂及其应用[M].北京:化学工业出版社,2002.

[15] 宰德欣,邓玉和,宣玲,等.缓凝剂对石膏刨花板性能的影响[J].南京林业大学学报(自然科学版),2007,31(2):63-67.

[16] 杨淑静,宋国君,赵云国,等.混杂纤维增强树脂基摩阻材料的性能及应用[J].工程塑料应用,2007,35(4):41-43.

[17] 王海庆,李丽,孙毅,等.低摩擦系数摩阻材料研制[J].非金属矿,1999,2(3):43,48-49.